화장품학

최경임 · 허순득 · 장정현
오정선 · 노희영 · 김소희 공저

Cosmetology

光文閣
www.kwangmoonkag.co.kr

머리말

예로부터 미(美)에 대한 인간의 욕구는 끊임없이 이어져 왔다. 그 욕구를 충족시키기 위해 개발된 것이 화장품이다.

시대에 따라 기초 화장품이 더 발달되거나 색조 화장품이 더 발달되는 등 약간의 차이는 있지만, 지금은 골고루 발전되어 단순히 표면적인 효과보다는 피부 기능의 회복 및 정신적인 치유에 이르기까지 영역이 다양해지고 있다.

이제는 생활의 필수품처럼 되어버린 화장품은 개개인의 취향, 건강 상태, 피부 타입 등에 따라 선택할 수 있는 폭이 넓어졌고, 각 제품의 성분들을 알고 선택할 수 있는 수준에 이르렀다.

그러므로 미용 관련 학과에서 공부하는 학생들은 더욱 화장품의 성분과 사용 방법 및 특징적인 것을 정확히 알고, 바르게 사용하는 지식이 필요하다. 대학 강단에서 후학들을 지도하면서 체계적인 교재의 필요성을 절실하게 느낀 교수들이 뜻을 모아 이 책을 공동 집필했다.

이 책은 헤어, 피부, 메이크업, 코디, 네일 등 미용 전문가들에게 꼭 필요한 내용을 엄선하여 이해하기 쉽게 정리하였다.

여러 가지로 미비한 점이 적지 않으나 계속 보완해 나갈 것을 약속드리며, 끝으로 이 책이 출판되도록 애써주신 광문각출판사 박정태 사장님과 임직원 여러분께 깊이 감사드린다.

2009년 2월

저자 일동

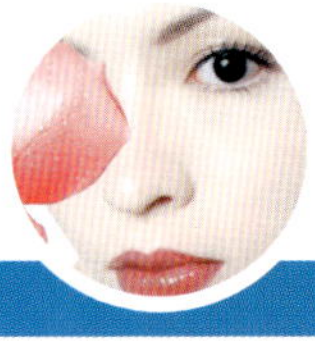

Contents

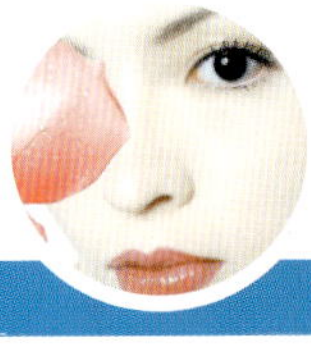

Contents

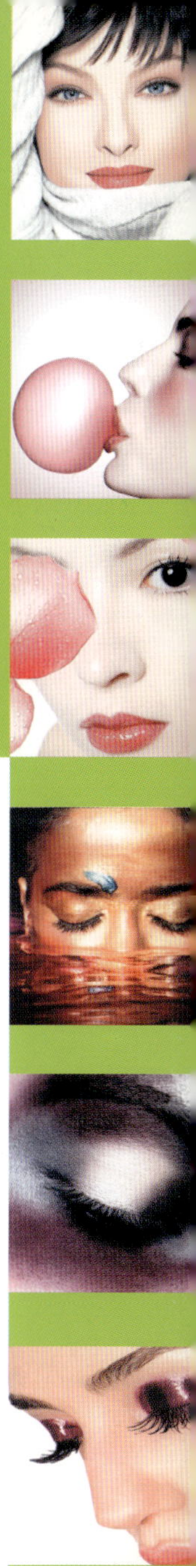

CHAPTER 1
화장품의 기초

1. 화장품의 역사

화장품의 사용이 언제부터 시작되었는지에 대한 역사적인 기록은 없으나, 화장의 역사가 인류의 시작과 같이 하는 것으로 볼 때 화장품의 역사는 그보다 훨씬 앞서 생겼을 것이라 추측한다.

1-1. 서양의 화장품 역사

1) 종교 시대 (초창기-이집트)

화장품의 역사는 고대 파미르 고원에서 향을 피운 것에서부터 시작되었다고 한다. 고원의 주민이 그들의 신과 조상에게 제사를 지낼 때 제단에 향을 피워, 신과 조상을 맞이하는 신성한 장소임을 알렸으며, 그 향의 연기를 쏘인 사람은 저지른 죄와 잘못을 용서받아 그 제사에 참여할 수 있도록 허가했다고 한다. 제단을 청정하게 하고 신성하게 하기 위해 향을 피우던 풍습은 점차 왕족이나 귀족의 생활 속으로 파고들어 그들의 주거지 실내에서 향을 피우도록 했다. 이때의 향에는 유향, 발삼(balsam), 계피 등이 사용되었는데, 이런 풍습이 그리스, 로마 등으로 전해지면서 향료의 종류가 변화해 갔다. 로마의 전성시대 때는 장미 향이 매우 인기였었다고 한다.

기름 향유를 발라 피부를 손질하는 것은 옛날부터 세계 각지에서 행해져 왔다. 특히 이집트에서는 미라를 만들 때 다량의 향유를 사용했다고 하며, 피라밋에서 발굴해 낸 부장품 가운데 향유를 넣은 관이 발견되었고, 이는 그 당시 상류 사회에서는 향유를 사용해 피부를 손질했다고 하는 증거가 되고 있다.

피부에 안료 등의 착색료를 칠해서 장식하는 것 역시 고대부터 행해져 왔다. 메이크업은 처음에는 병, 악마 등으로부터 자신을 지키고자 하는 종교 의식에서부터 시작되었지만, 그 가운데는 종족의 상징을 표시하기도 하고, 같은 종족 사이의 지위나 역할을 나타내기도 했으며, 전쟁에 나가는 군사의 용맹성을 과시하는 등 여러 가지 목적으로 행해 졌다.

지금보면 기이한 느낌을 주는 것들이지만, 그 당시에는 매우 중요한 의미를 가진 것으로 미의 관점도 달랐을 것이다. 따라서 그것이 그대로 오늘날의 메이크업의 원점이 되었다고는 할 수 없지만, 이런 고대의 풍습 가운데 아름답고 싶다거나 아름답게 가꾸고 싶다는 염원은 현대인에게도 그대로 받아들여지고 있는 것이다.

2) 의학시대

(1) 헬레니즘 시대 (BC 5~7세기)

페르시아인들은 무력 정복을 하면서 다른 나라의 화장법을 본 떴으며, 인도의 정복과 함께 고대 아시아 문화의 비법을 받아들이게 되었다. 헬레니즘 시대에 들어 기원전 4세기 말 알렉산더의 페르시아 정복은 향장술에도 새로운 바람을 일으켰다. 의학의 아버지라 불리우는 히포크라테스의 시대에 이르러 화장은 마술, 미신, 종교 등에서 벗어나 과학적 원리에 기초를 두기 시작한다.

피부병을 연구한 히포크라테스는 식이요법, 운동, 자외선, 특수탕, 마사지 등의 조화로 아름다움은 이루어진다고 하는 이론을 발표했다. 이러한 이론은 현대 미용에 기여한 바가 매우 크다.

이집트의 마지막 여왕 클레오파트라는 화장의 기교에 있어서 누구도 따를 사람이 없었다고 한다. 눈 아래쪽에는 초록색을, 눈꺼풀, 눈썹, 속눈썹을 코울(kohl)로 검게 칠한 이집트 여인들의 강렬한 눈화장이 잘 보여 주듯이 색채 화장을 비롯한 화장 기술은 클레오파트라의 시대에 극치를 이룬다.

기원전 3세기 이집트의 클레오파트라가 죽은 뒤 로마는 전성기에 들어서고 문화의 중심으로 자리를 굳혔다. 다음 3세기 동안 화장의 기교는 그 유례가 없이 호사스러워졌다. 로마의 탕은 귀족 남자들이 증기탕, 향유, 마사지, 향수 등을 즐겼는데 특히 장미 향유를 즐겼다고 하며, 이때의 기름은 지중해 연안의 특산인 올리브유가 주를 이루었다고 한다. 한편 귀족 여자들 역시 집에서 여러 가지 미용법을 썼다고 한다.

기원 초기에 알려져있던 화장품의 종류를 살펴보면 요즈음 사람들이 쓰는 것에서 몇 가지만 빼면 될 정도로 다양하다. 미용에 관련되는 도구에는 젖가슴 발육 기구까지 끼어있다.

화장품들은 '오너트릭스' 라고 불리는 나이 든 여자 노예의 지도를 받아 '코스메티' 라는 어린 노예들이 집에서 만들어 귀족에게 발라주었다. 역사상 로마에서 가장 사치스러웠던 여성은 폭군으로 알려진 네로 황제의 부인 포파에어 사비나일 것이다. 그녀는 동물의 지방이나 벌꿀, 곡식의 가루 또는 빵을 갈아서 으깬 것을 밀크에 섞어 얼굴에 바르고, 다음날 아침 씻을 때는 당나귀 젖으로 씻어냈다. 또한 로

마인들은 목욕을 즐겼는데, 특히 귀족의 부인들은 보통의 목욕뿐 아니라 피부를 아름답게 하기 위해 밀기울 목욕이나 당나귀 젖으로 목욕하기도 했다.

당나귀 젖으로 목욕하기 위해 포파에어는 여행 중 암 당나귀를 데리고 갔다고 하며, 그 수는 약 50마리 정도였다고 전해진다.

(2) 아라비아 시대 (7~12세기)

중세 초기의 서구는 암흑시대였지만 동방에서는 아라비아인이 그리스, 로마의 학문이나 기술을 연구하고, 동시에 인도, 페르시아의 지식, 문화를 흡수하여 세계에서 가장 높은 문화를 형성했으며, 이때 메이크업, 머리 염색을 비롯하여 위생면에서 진전을 보였다.

아랍인들은 생리, 보건 연구를 진전시켰고 목욕, 식이요법, 운동, 마사지 등의 치료 효과를 강조하였다. 그리하여 화장품으로 단순히 결함을 보완하는 정도를 넘어서 근본적으로 이유를 찾아 해결하려는 노력이 이루어졌다.

이 시기에 이루어진 진보는 연금술, 식물학, 약학 등에 힘입은 것이며, 아시아로부터 들어온 새로운 식물과 물질은 향수류에는 물론 피부와 모발의 처리에도 유용하게 쓰였다.

이때의 향장품의 제법이나 기술은 널리 알려지지 않은 채 비방전을 통해 대대로 전승된 것으로 이런 작업은 주로 약제사들이 도맡았다고 한다. 새로운 식물과 물질이 발견되어도 일반적 건강 관리에서 피부, 모발, 치아 등의 위생과 식이요법을 강조한 것이 주목할만한 특징이다.

한편 유럽에서는 서서히 발전이 이루어지고 있었는데, 그 뒤 십자군 운동의 영향으로 동방의 문화나 진귀한 물품이 서구로 전해졌으며, 다마스커스의 조직물, 아시아의 비로드, 동방의 화장수 등을 대표로 들 수 있다. 또한 로마식의 공중탕, 즉 터키식 증기탕이 재현된다. 십자군이 키프로스 섬에 침입했을 때 향기 좋은 꽃과 향료가 많이 있어 고향의 부인들을 즐겁게 해주기 위해 가지고 왔는데, 그것을 장미의 물이라고 하였다. 그 장미의 물은 영국으로 전래되어 귀족들이 식사하기 전 손을 씻을 때 이용되기도 하였다.

영국은 이탈리아로부터 포크가 전해지기 전까지는 모두 손가락으로 음식을 먹었기 때문에 식사 전에는 손을 씻어야만 했고, 씻은 손을 테이블 크로스로 닦았다.

10세기가 되면서 남프랑스에서 향료식물의 재배가 시작되었다. 마침 그때 이탈리아에서 이 지방으로 이주해 온 이주민 가운데 피혁직을 가진 사람들이 피혁 의류의 가죽 냄새를 방지하기 위해 다량의 향료를 소비해서, 향료식물의 재배는 날로 번창해갔다. 남프랑스는 지금도 세계의 천연 향료의 중심지로 번영을 누리고 있다. 또 의류에의 부향은 전통적으로 전해져 지금도 프랑스의 유명한 향수 가운데는 드레스 디자이너의 협력에 의한 것이 많다.

(3) 르네상스 시대 (13~16세기)

예술과 문학의 르네상스는 보통 14세기에 시작된 것으로 보지만 과학의 르네상스는 실제로 13세기 초로 거슬러 올라간다. 이 시기에는 의학으로부터 향장학을 분리시키려는 시도가 이루어진다. 십자군의 귀향으로 향장과 향료 연구에 큰 발전의 계기가 마련되고, 마르코 폴로 등의 여행자의 전파로 유럽은 인도 외 동양의 문물을 많이 접하게 된다. 기록에 남아있는 것으로는 염료 식물유, 나무껍질, 석면, 산화아연, 석유 향신료, 염료로써의 석탄 사용 등을 들 수 있다.

이와 같이 새로운 색소들이 많이 알려져서 유화 및 염료에 뿐만 아니라 메이크업에도 쓰이게 된다. 15세기에는 머리를 뒤로 모아 쪽을 짓고 눈썹은 밀어서 가늘게 하는 것이 유행이었다고 한다. 루즈와 분은 아주 흔한 화장품이었으며, 동양에서는 눈화장도 흔했으나 서양에서는 별로 좋게 받아들여지지 않았다.

15세기 말 아메리카 대륙의 발견으로 새로운 원료가 들어오는데 아스팔트, 페루발삼, 피마자기름, 후추, 설탕, 황, 테레빈유 등을 들 수 있다. 프랑스 앙리 4세의 첫 왕비는 향장 기교가 매우 뛰어났고, 16세기 말에는 머리카락을 소다나 명반에 담갔다가 말리는 베니스식 탈색법을 사용하였다. 웬만한 사람이면 각종 향수류나 향장품을 만들어 쓸 정도였다.

향수가 영국에서 처음 제조된 것은 1573년이다. 분은 주로 백납에다 수은과 흰 붓꽃을 섞어 만들었다. 루즈에는 붉은 황토나 진사가 사용되었고, 벽돌가루 등을 섞어 치아를 희게 하는 약을 만들어 쓰기도 했다. 물론 머리에도 상당히 신경을 썼다. 갖가지 방법으로 컬을 했고, 엘리자베스 여왕의 머리색인 적갈색을 따라 붉고 노란 머리가 유행하였다. 또한 염색에 걸리는 시간과 노력을 줄이기 위해 가발을 쓰는 여자들이 많아졌다. 엘리자베스 여왕도 가발을 사용했는데, 한때는 그 수가 80개에 달했다고 한다.

이 시기의 가장 주목할만한 진전은 알코올과 그 증류 방법에 대한 지식이 이루어진 것이다. 수세기 동안 과실류에서만 얻어온 알코올이 곡물에서도 추출이 가능하게 되었다. 알코올이 정식으로 향수류에 쓰이게 된 것은 14세기로 보인다.

(4) 교역 시대 (17~19세기)

17세기에 들어서면서 향장계는 두 가지의 경향이 두드러진다. 그 하나는 의학이나 과학과 관련된 미학을 다루는 것이고, 다른 하나는 패션과 어울리도록 단순히 외양적인 아름다움을 꾸미는 것이다. 16~17세기에는 연백을 원료로 하여 거기에 향료나 색을 첨가한 분을 페인트라 부르고, 연지나 그 외의 화장품으로 멋을 부리는 일을 페인팅이리고 하였다. 이렇듯 여성이 얼굴을 정성껏 치장하기 때문에 17세기 초의 시인 리챠드 쿠라쇼는 그것을 메이크업이라 불렀으며 이것이 Make-up의 유래이다.

백분을 두껍게 발라두고 그 위에 연지를 바르는 화장법은 18세기

말까지 계속되었다. 이 기간의 유행으로는 백분이 밑 화장이고 연지가 주였다. 그러나 1789년에 대혁명이 일어나자 프랑스에서는 여러 가지 유행을 악몽처럼 씻어내고, 창백하고 감상적인 화장법이 유행하기 시작하여 함부로 연지를 바르는 화장법은 천하게 여기게 되었다.

영국에서 비누는 1641년 처음으로 생산되는데 정부의 규제를 받아 2세기 동안 높은 과세에 묶여있었다. 피부 세정제로는 스페인에서 수입한 아몬드 열매, 연고, 코코아버터, 바닐라 등을 원료로 만든 크림을 썼다.

17세기 식민지 생활은 생존과 안보를 위한 투쟁이라고 할 수 있는데, 당시의 가정에서는 기름과 나뭇재로부터 비누를 만들어 썼다. 그러다가 비누에 고래 기름을 넣게 되고 여기에 다시 탄산나트륨이 첨가되어 이러한 물렁물렁한 비누가 딱딱한 모양을 갖추게 된다.

(5) 부흥 시대 (19세기)

미국과 프랑스 혁명 직후의 몇 년 간은 향장 관련업이 주춤하였다. 그러나 곧 미국의 화학공업은 나폴레옹 전쟁으로 수입이 두절된 생산품의 제조에 전력을 기울여 크게 성장을 이루게 되고, 이로 인하여 영국과의 교역량도 증대되었다.

19세기 후반 빅토리아 여왕 시대는 전쟁으로 인해 남편을 잃은 부인이 많았는데, 상복을 벗지 않고 화장을 하지 않았으므로 그것이 상류 사회의 풍속이 되어 입술에는 연지를 바르지 않고 손수건으로 가볍게 문질러 혈색을 좋게 했다. 청초하고 꾸밈없는 여성의 아름다움이 화가들에 의해 이상적으로 그려지기 시작했다. 이때는 화장품 화학이 진보하여 남녀 할 것 없이 필요한대로 화장품을 구입할 수 있을 정도로 제품이 다양해지고 질도 향상된다.

그러나 메이크업 화장은 연극과 영화의 세계에 한정되어 '화장한 여자' 라는 말은 성실치 못한 여성의 대명사처럼 되어 역시 소수 여성의 전유물일 수밖에 없었다. 그 후 과학의 발달로 향장, 향료업계에서 이루어진 갖가지 변화들, 즉 새로운 화합물의 분리, 합성에 관해서는 일일이 열거할 수 없을 만큼 많다.

(6) 향장 과학시대 (20세기)

20세기 첫 작품은 콜드 크림으로 1901년 개발되어 곧 널리 유행하게 된다. 질레트사는 안전 면도날을 개발했고, 영국의 미용사 네슬러는 금속 막대를 사용하는 파마 방법을 고안해냈다. 1907년 샴푸가 생산되기 시작했고, 1908년 '새로운 피부'라 불린 손톱 락카가 선을 보인다. 1930년대에는 자외선으로부터 피부를 보호하기 위한 자외선 차단 제품이 개발된다. 1940년대에 호르몬 크림의 제조에 성공한다. 1950년대 이후의 화장품 과학은 급성장을 하게 되는데, 이 시기에 합성 세제, 치약, 각종 화장품 등이 선보이게 되며, 화장품 공업은 그 자리를 굳힌다. 또한 약리적, 미생물학적 해독 작용에 관한 연구가 활발해 지고, 색소 첨가물에 대한 규제가 많이 달라져서 화합물의 사용 농도가 크게 제한되기도 한다.

앞에서 말한 바와 같이 17세기까지만 해도 화장에 관한 문헌은 비전의 문헌(Book of Secret)으로 그쳤을 뿐 제1차 세계대전 이전까지는 화장품 공업이란 없었다고 해도 과언이 아니다. 그러나 1940년대에 이르러 영문으로 화장품 제법에 관한 책자가 출간된 것을 비롯하여 많은 정보들은 정리되고 체계화되어 산업 수준을 높이는데 기여한다.

1-2. 우리나라의 화장품의 역사

(1) 고조선 시대

신에게 제사를 지낼 때 목욕재계하고 향을 피웠다든지 신분 계급을 나타내기 위해 장식물을 달고 색을 칠했다는 것 등은 서양과 크게 다를 바 없으나, 피부를 보호하고 피부를 희게 가꾸려는 노력이 일찍부터 행해졌다는 것은 특이할만한 사실이다. 단군신화에 보면 환웅이 곰과 호랑이에게 사람이 되기 위해서는 쑥과 마늘을 먹으며 백일 동안 굴에서 나오지 말고 해를 보지 말라고 이야기하는 대목이 나온다. 식품학자들에게 있어 쑥과 마늘은 양념이 되겠지만 화장품학적으로는 쑥과 마늘은 미백제로 간주된다. 예로부터 전해 내려오는 민간 처방에 의하면 쑥 달인 물에 목욕을 하면 피부가 희어지고, 마늘 찧은 것에 꿀을 섞어 얼굴에 붙이면 기미, 주근깨가 제거된다는 내용이 있기 때문이다. 또한 백일 동안 한 것도 흰 피부를 숭상했기 때문이 아닌가 짐작해 볼만 하다.

이 밖에도 한반도에 거주하던 말갈인들은 하얀 피부를 간직하기 위하여 오줌으로 세수를 하였고, 동북방 지역의 추위를 견디기 위하여 돼지기름을 발라 동상을 예방하고 피부를 부드럽게 하였다. 지금의 평양 근처의 고분에서는 낙랑 시대의 유물이 출토되었는데 이 가운데 팔찌, 귀고리 외에 거울, 칠기류가 나온 점은 화장의 역사를 가늠하는 중요한 자료가 되고 있다. 또한 낙랑 시대의 유물 중 〈채화칠협〉에 있는 인물상을 보면 머리는 단정히 정돈되어 있고, 이마를 넓히기 위하여 앞 머리털을 뽑았으며, 눈썹을 굵게 강조하는 등 미적 가치를 꽤나 추구했다는 것을 알 수가 있다. 우리나라 원시 화장은 학자들 사이에 많은 이견이 있으나 대체로 이 시대의 문신에서 비롯되었다고 본다.

(2) 삼국 시대

3세기에서 10세기에 이르는 삼국 시대는 불교의 전래와 함께 불교문화의 영향을 받아 미용과 복식에 있어서 다분히 대륙적인 면모를 갖추기 시작했다. 불교 문화는 정치, 사상, 제도에서 일상생활에 이르기까지 일반인들에게 큰 영향을 미쳤다. 신라의 미의식은 건국 신화에 나타나리만큼 대단한 것이었다. 신라의 시조 박혁거세가 알에서 태어났을 때도 그 용모가 매우 수려했는데 목욕을 시켰더니 몸에서 광채가 났다고 했다. 그의 왕비 알영도 미모와 몸매가 뛰어남을 강조하였으며, 단지 입이 새의 부리 같았으나 목욕 후 완벽한 아름다움을 찾았다고 했다. 이 시대에 목욕은 미를 더하기 위하여 또는 하나의 의식 수단으로 행하여 진 듯하다. 이 신화에서도 나타났듯이 신라인들은 아름다운 외모에 아름다운 정신이 깃든다는 일종의 영육일치 사상을 갖고 있어 이 시대를 대표했던 화랑도 미소년이어야 했고, 얼굴에 분을 바르고 귀고리를 달았으며, 구슬로 장식된 모자를 써 치장을 하였다.

또한 불교가 성장하게 됨에 따라 향의 사용과 목욕이 대중화되었다. 절간에는 목욕재계를 위하여 대형 목욕실이 설치되었고, 세제로는 팥, 녹두를 가루내어 사용하거나 수세미 껍질이나 부석으로 때를 밀기도 하고 밀기울이나 쌀겨를 무명 주머니에 넣어 목욕물에 띄워서 사용하기도 하였다. 그리고 이같은 목욕제를 사용한 다음에는 콩이나 팥의 냄새를 없애기 위하여 반드시 향을 사용했는데 향료로는 향기가 짙은 꽃을 말려 가루로 만들어 썼다.

이 시대의 향은 단순히 목욕용으로만 쓰인 것이 아니라 결혼, 출산 의식, 그밖의 용도로도 많이 쓰였다. 화장 문화도 동백이나 아주까리기름으로 머리를 손질하였으며 분꽃씨 가루, 조개껍질을 태워 빻은 분말, 활석 가루 등으로 분을 만들어 물에 갠 후 얼굴에 발랐다. 그러나 부착력이 너무 약했으므로 후일 납을 함유시켜 처리한 연분을 만들어 쓰게 되었다. 또한 잇꽃의 즙으로 연지를 만들어 볼과 입술에 발랐으며 나뭇재를 개어 눈썹을 그렸다.

고구려 여인들의 화장 문화는 5~6세기 경의 고분으로 추정되는 평남 용강군 소재 쌍용총의 벽화를 보면 잘 알 수 있다. 이 벽화에는 귀족 부인과 시녀가 그려져 있는데, 머리에 관을 쓰고 옷깃은 붉으며 뺨에는 연지가 찍혀있다. 벽화의 그림을 잘 들여다보면 고구려 여인들의 얼굴은 보름달처럼 둥글게 생겼고, 눈썹은 짧고 뭉툭하게 그렸으며, 머리는 틀어서 얹고, 입술에 연지를 발랐다는 것을 알 수 있다. 이는 대륙에 오랫동안 전래하던 화장술로 요염한 자태를 나타내는 화장법이다.

백제의 모든 문화가 온건하고 부드러운 선을 나타냈던 것과 맥을 같이 하여 화장의 문화도 그와 크게 어긋나지 않는다. 두발과 화장은 곧 신분을 나타냈으며, 대부분의 여인들은 은은하고 부드러운 화장을 위하여 분은 바르되 연지는 사용하지 않았다. 백제의 화장 문화는 곧바로 일본에 영향을 주어 화장품 화장술 등이 일본으로 건너가게 되었다.

(3) 통일신라 시대

통일신라에 이르러 여인들은 극도의 사치와 멋에 물들어갔다. 이 시대의 왕족들은 당나라에서 수입한 거북이 껍질로 장식한 빗을 사용하고, 옥과 상아로 만든 비녀를 꽂았다.

화장 용구도 다양화되어 연분을 물에 적시는데 필요한 납작한 접시, 기름 등을 담을 수 있는 토기(놋쇠나 은그릇은 화장품을 담으면 변질을 일으키므로 토기를 사용했다), 털을 뽑는 족집게, 향을 담은 향낭 등이 지금도 전해지고 있다.

또한 신라 여인들의 얹은머리, 즉 사발은 신라의 독창적인 것으로 당나라 여인들의 선망을 사게 되어 당나라에서 이 가발을 사갔는가 하면 9세기 초엽의 신라는 가발을 공물로 당나라에 보내기까지 되었다. 이 밖에도 태환식의 귀고리, 금제 머리띠, 반지, 팔지 등의 사용이 보편화되고 화장 기술 또한 상당한 발전을 보이고 있었다.

(4) 고려 시대

《고려도경》에 보면 고려인들은 남녀가 한 개울에서 목욕을 했으며, 하루에도 서너 차례씩 목욕을 했다고 한다. 부유층의 여인들은 난초를 삶은 물에 난탕을 하여 희고 부드러운 살결을 간직하려 했고,

몸에서 향내가 나도록 하였다. 향에 대한 애착은 어느 시대보다도 더하여 신체나 옷에 향유를 뿌리거나 발랐으며 비단 향낭을 여러 개씩 패용하는 것을 자랑스럽게 여겼다. 고려 여인들의 아름다워지고자하는 욕망은 아마 현대 여성도 따라가기 힘든 정도가 아니었을까 생각된다. 화장술은 신분에 따라 약간 구분되어 기생은 분을 도포한 듯 얼굴을 희게 표현하고, 눈썹은 뽑아 가늘게 그렸으며, 머릿기름을 반질거리도록 발랐다고 한다. 또한 염색이 모든 계층에 유행하였으며 빗, 거울, 세숫대야 등 화장 용구도 기술자를 두어 제작하였다.

화장품에 대한 기록도 역시 《고려도경》에서 찾아볼 수 있다. 병에 담아 피부에 발랐다는 대목을 보면 이 시대의 화장품이 로션이나 크림의 중간 타입이 아니었을까 추측할 수 있다. 또한 연분을 만들어 백자에 담았는데 가루를 물에 개어 쓸 수 있도록 아랫부분은 접시 모양이며, 뚜껑을 만들어 씌운 분합은 색깔을 넣어 장식하는 등 용기에도 매우 신경을 쓴 것을 엿볼 수 있다.

(5) 조선 시대

조선 시대의 지배층은 고려 시대로부터 이어 내려오던 극에 달한 사치 풍조에 대하여 금지령을 내렸고, 사회 내부에서도 퇴폐 풍조에 대한 반작용으로써 외면적인 화려함이 감소하고 내면의 미가 강조되었으며 근검 절약하는 풍조가 생겨났다. 일반인들의 치장은 단백하여 아름답고 깨끗한 피부에 주력하였으며 나들이, 모임 등 의례 때에만 화장과 장식을 하였고, 기생, 궁녀, 음악인 등 직업 여성들만이 짙은 화장을 하였다.

정유재란과 임진왜란을 거치면서 사회는 일시 경제적 빈곤에 빠지지만 화장품에 대한 연구는 많이 진행되었다. 선조 때에 고도의 기술로 화장수 '조의로'가 제조되었으며, 이는 일본까지 건너가게 되어 조선의 높은 화장 문화에 대한 명성을 떨쳤다.

숙종 때에는 화장품 방문 판매원인 매분구가 생겨났다. 매분구들은 당시 외출이 자유롭지 않았던 조선 여성들이 쉽게 화장품을 구입할 수 있게 해주었고, 미용에 대한 지식도 알려주었다고 전해진다.

미용법도 발달하여 조선 시대 《규합총서》에는 '겨울에 얼굴이 거칠어지고 터지는데 달걀 세 개를 술에 담가 김새지 않게 봉하여 네 이레 두었다가 바르면 얼굴이 트지않고 옥같아 진다' 등 등의 미용법이 수록되어 있고, 이 밖에 여러 가지 두발의 형태, 입술 연지 그리는 방법, 눈썹 그리는 방법 등의 내용도 담겨져있다.

이 시대의 바람직한 여인상으로서는 둥근 얼굴에 야위지 않은 모습으로 살빛은 희고, 흉이나 잡티가 없으며, 머리숱이 많은 부자집 맏며느리 상이 최고로 꼽혔다.

'미인박명' 이라 하여 미인을 기피하였던 때도 바로 이 시기이다. 화장은 얼굴에 분을 바르고, 연지는 그리되 자기 본래의 모습은 크게 벗어나지 않도록 하였으며, 단지 깨끗하고 흰 피부를 숭상하여 꿀 찌꺼기로 팩을 하거나 오이 꼭지를 피부에 문지르기도 하였다고 한다. 나라에서는 향장, 분장으로 나누어 향장에는 향을 제조하고, 분장에서는 일반 여인용 분, 기생용 분을 나누어 제조하였으나 수요를 충당하지 못하였고, 일부 연지 가게, 분 가게에서 만든 연지나 분은 단독(수은 성분), 분독(납 성분) 때문에 문제 시 되었으므로 일반인들은 화장품을 직접 만들어 썼다.

(6) 개화기

후진국이라 경멸했던 일본은 일찍이 유럽에 대한 문호를 개방하고 새 기술로 무장을 하게 되었다. 조선 왕조도 1876년 외세에 밀려서 어쩔 수 없이 개항을 하게 되었고, 그 이후 정치적, 문화적 소용돌이에 휘말리게 된다. 미용 분야도 예외는 아니어서 왕국에서는 은에 칠보로 장식한 은문갑에 가루를 넣어 사용하였지만, 바깥에서는 재래식 화장품이 외국의 신식 상품에 완전히 밀리게 되었다. 일본이나 유럽 등지에서 수입된 크림, 백분, 비누, 향수 등은 사용이 간편하고 포장, 품질 등이 뛰어나서 큰 인기를 끌었으며, 이는 국내 화장품의 산업화를 촉진하는 계기가 되었다.

이러한 시대적 요구에 따라 1916년 박승식이라는 사람이 품질 및 포장이 개선된 분을 제조하여 그의 성을 따 '박가분' 을 탄생시켰다. '박가분' 은 1922년 제조 허가를 받아 관허 1호 화장품이 되었는데, 한때 모든 여성의 선망이 대상이 될 만큼 인기를 모았으나 납 성분에 대한 부작용 때문에 물의를 일으켜 1937년 자진 폐업하였다. 아무튼 그 당시에는 박가분을 시발로 하여 서가분, 정가분, 서울분, 설화분 등 각종 분류와 유액, 머릿기름이 신식 기술을 모방하여 잇달아 시판되었고, 크림도 상당한 인기를 끌었다.

화장품에는 부향률이 점차 높아져 다소 짙은 향을 풍겼고, 입술 색깔도 진해졌다. 이와 때를 같이하여 쪽머리는 잘라 파마를 하게 되었고, 뾰족 구두에 양산을 쓴 신여성 차림이 등장하게 되었다. 이렇게 파격적인 변혁이 일게 되자 기생과 접대부들은 더욱 판을 치게 되었고, 신소설《자유 부인》이 크게 인기를 끌면서 여성들에게 개방적인 사고 방식이 생겨나기 시작했다. 그러나 한편으로는 이러한 개방적 사고에 대한 반작용으로써 더욱더 화장이 이전보다 짙어진 경향도 엿볼 수 있다. 남성들에게도 상투가 사라지면서 모발을 정발하기 위하여 포마드가 다량 생산, 사용되었다.

(7) 현대

광복과 6.25를 거치면서 밀수 또는 수입품으로 외제 화장품이 그 어느 때보다 범람하게 되었다. 그러나 그에 위축되지 않고 국내에서도 1960년대부터 화장품의 생산 활동이 본격화되기 시작하였다.

화장품의 기능도 세분화되어 백분의 사용은 격감되고 도포력, 부착력이 우수한 액상 백분(파운데이션)이 크게 인기를 끌었으며, 바니싱 크림, 스틱형 연지 등이 생산, 사용되었다. 잡지와 신문에는 서구적 화장법이 소개되었고 그 이후부터는 세계와의 정보 교류가 활발해 짐에 따라 패션 정보의 입수가 용이해져 여성들은 빠른 속도로 유행을 흡수하고 변모되어 갔다.

화장품의 품목별 증가와 아울러 그 대상도 폭이 넓어져 남성용, 어린이용에 이어 최근에는 주니어용 화장품도 개발되기에 이르렀고, 용도별로 전신용 제품, 두발 전용 제품이 다양하게 시판되고 있다.

1962년 본격적으로 시작된 방문 판매는 1980년대 중반까지 국내 화장품 유통의 주요 경로였으나 1983년 이래 종합 코너의 증설로 제도 판매로 이행되는 과정에 있어 유통 경로는 복잡, 다양해 지는 추세이다. 1980년 후반 정부는 국내 기업의 기술 축적과 국제 경쟁력 강화를 위해 기술 도입과 합작 투자를 대폭 개방하였고, 이어 1993년도 말경에는 화장품 소매업에 대한 외국인 투자가 개방되어 제조부터 판매까지 외국 자본이 진출하고 있는 실정이다. 이미 수많은 외제 화장품들이 범람하고 있는 이 시점에서 국내 화장품은 외국 자본과 기술에 대항하여 치열한 경쟁이 불가피하게 되었다.

고령화 사회로 옮아가고 있는 것은 국내도 마찬가지여서 노화를 예방하고 젊음을 유지시키려는 노력이 이루어져 최근 피부 관리실도 상당 수 증가하고 있으며, 노화를 근본적으로 지연시킬 수 있는 최첨단 신소재, 최신 공법을 이용한 기능성 화장품도 속속 개발되고 있다.

<표 1-1> 년도별 화장품 기술 동향

년 대	주요 연구과제	내 용
1950	원료 수급	가내 수공업 시대(비방에 의한 생산)
1960	안전성	화장품 연구의 시작(해외 기술 도입) 제조 및 품질관리 기술의 발전
1970	사용성	자연스러운 사용감 사용 원료의 다양화
1980	안전성/유효성	안전성 기술의 발전(민감성 피부용 제품 개발) 생명공학 응용 원료의 사용 신제형 개발 유효성 평가 기술의 진보
1990	유효성/기능성	미백, 육모 및 피부 보호에 관한 연구 기능성 원료 및 제형 개발 피부에 대한 유효성 연구의 확대

▣서양 화장품의 역사▣

고대

1. 이집트
   - 햇볕을 막고 귀신을 쫓으려고 얼굴에 색을 칠함
     - 눈화장 : 반투명의 백색돌인 'Alabater'에 검정 or 녹색 화구를 담아 눈두덩이에 칠함
     - 입술 · 뺨 : 입자가 매우 고운 적토(Red Clay Powder) 사용
     - 손 · 발톱 : 열대식물인 Henna의 잎사귀를 사용하여 물들임 → 매니큐어와 패디큐어의 기본이 됨

2. 그리스
   - 부권제(남존여비 뚜렷) : 일반 여성에 대한 화장 기록이 없음
   - 이집트에서 화장법을 전수받아 얼굴, 손뿐만 아니라 유두에도 붉은색을 칠함
     - 팩 : 곡물가루를 반죽하여 얼굴에 붙이고 이튿날 아침 우유로 닦아냄 → 팩의 시초가 됨
     - 분 : 풀을 말려 가루로 만든 백분을 바름 → 분의 시초
     - 연지 : 각종 열매 중에서 보라색을 띤 붉은 염료로 만든 연지를 사용함

3. 로마
   - 화장 = 미장술(skin care) + 화장술(make-up)
→ 美를 보존하는 기술 → 분과 색채화구를 사용하여 매력적인 모습 표현
   - 이상형 : 희게 빛나는 피부색, 낮은 이마, 코와 연결되게 길게 그린 눈썹, 큰 키, 금발
   - 귀족층 여성 중심으로 유행 ⇒ 화장품은 Ornatrix(나이든 여자 노예)의 지도를 받아
Cosmetae(어린 노예)들이 집에서 만들어 귀족에게 발라줌
     - 눈 : Kohl로 눈 언저리를 검게 칠함
     - 뺨 · 입술 : 붉은색 루즈(rouge)사용 – 식물성 염료와 적토 사용

중세(5~15C)

- 그리스도교의 도입으로 화장 문화가 쇠퇴(여자의 입욕과 화장을 죄악시)하였다가 말기에 동방과 교역이 성한 이탈리아를 중심으로 화장법 부활
- 흰 피부색을 강조하기 위해 검정 · 흑갈색 등 어두운 색으로 모발과 눈썹 장식

근세

<르네상스(15~16C)>
- 그리스도교적인 속박에서 벗어나 화장 문화를 급속도로 받아들임
- 문예부흥운동에 편승하여 메이크업의 양상이 매우 다채로워졌으며 흰 피부를 강조함

1. 15C
   - 머리를 뒤로 모아 쪽을 지고 눈썹을 밀어서 가늘게 함

- 루즈(rouge)는 산화철과 진사를, 분(powder)은 탄산납으로 만들었으며 아주 흔함
- 눈화장은 동양에선 흔하나 서양에서는 좋게 받아지지 않음

2. 15C말
   - 아메리카대륙 발견 → 신 식물과 원료 도입 : 아스팔트, 페루발삼, 피마자유, 후추, 설탕(의약용), 황, 테레빈유

3. 16C말
   - 머리카락을 소다와 명반에 담갔다가 햇볕에 말리는 '베니스식 탈색법' 사용
   - 보통사람들도 향수류(→1573년 영국에서 처음 제조)나 향장품 사용
   - 남자도 분 사용 : 로마 시대 네로 황제부터 시작
   - 흰 피부에 대한 동경과 집착
     - 분 : 흰 납+수은+흰붓꽃 → 승화시켜 제조
     - 루즈 : 붉은황토나 진사
     - 치아 : 벽돌가루를 섞어 희게 만드는 약 제조
     - 머리 : ① 여러 가지 방법의 컬
       ② 가발 사용 → 염색에 걸리는 시간과 노력 줄임
       ③ 붉고 노란 머리 유행(엘리자베스 여왕의 적갈색 머리 모방)

<교역시대(17~18C)>
- 극장의 성행으로 스테이지 메이크업(stage make-up)이 널리 유행
- 얼굴의 결점 커버를 목적으로 패취(patch, 애교점)의 사용이 성행하였다.
- 두 가지 경향 : 의학 · 과학과 관련된 처치와 패션과 접목된 단순한 외향적 꾸밈
- 18C말까지 백분을 두껍게 바르고 그 위에 연지를 바르는 화장법
- 가짜 눈썹 유행 : 남녀 모두 – 쥐의 피부가 재료, 아교로 고정
- 헤어 : 복잡하고 과장 → 상태를 오래 유지하다 보니 벼룩, 바퀴벌레, 쥐 등이 꾀임
  → 악취 → 향수발달

1. 18C
   - 눈동자를 크게 보이려고 함 → Belladona의 즙으로 동공 확장

2. 18C 말
   - 백납분, 벨라도나, 알카렛 등 독성이 많은 메이크업 제품 사용 회피
     → 붉은 포도주의 찌꺼기, 장미 꽃잎에서 추출된 붉은색 등 자연적인 색체 용품의 메이크업 출현
   - 1789년 프랑스 혁명 이후 자연스럽고 건강한 아름다움 추구

근대

1. 1830년 : Romantic 풍조

- 유럽 여성: 흰피부 동경 (연약하고 감상적인 창백한 여성상 → 백납분 계속 사용)
- 루즈는 볼과 입술에 약하게

2. 19C 산업혁명 : 화학 분야 발전
   - 1866년 산화아연 생산 → 백납분보다 안전 : 그리스 시대 이후로 사용되던 백납분이 사라짐
   - 왕족과 귀족의 전유물이었던 메이크업이 일반화 : 귀엽고 발랄한 시민층 여자에게도 흰 피부와 루즈 보급

현대(향장 과학 시대)

1. 1901년 : 콜드크림 개발
   질레트사 – 안전 면도날 개발
   영국의 미용사인 '네슬러' – 금속막대 이용한 퍼머 방법 고안
2. 1907년 : 샴푸생산(브렉회사)

3. 1908년 : '새로운 피부' 라 불린 색깔있는 손톱 레커가 선 보임

4. 1916년 : 산화티타늄의 발견, Face powder의 품질향상과 다량 생산

5. 1927년 : 'sex-apeal' 등장, 태양을 부러워 함(그을린 피부)

6. 1930년대 : 자외선 차단 제품 개발

7. 1940년대 : 호르몬 크림의 제조에 성공

8. 2차 대전 이후 : 전쟁 중 독일군의 외과 수술용 : 심이 부드러운 연필 → 아이브라우 펜슬의 시초

9. 美 Holly Wood 영향 : eyeshadow 대중화

10. 1950년대 이후 : 과학적이고 대량적 화장품의 등장 → 현대인에게 필수품으로 인식
    – 합성세제, 유화제, 땀 안나게 하는 화장품, 압력 처리 포장 화장품

▣우리나라 화장품의 역사▣

5~6세기

정확한 연대는 미상, 고대 유적인 장신구와 청동거울의 발견을 통해 화장의 흔적을 볼 수 있다.

신라 시대

1. 흰색 백분 사용 시작
2. 연지 대중화

고려 시대

1. 백분 사용, 연지 사용×
2. 가는 눈썹, 향낭 차고 다님

조선 시대

1. 상류층과 기생 중심으로 사용(백분, 연지, 화장수, 향낭)
2. 중국 사신이 화장품 들여옴
3. 조선 중기에는 백분, 연지 장사가 출현

갑오경장(1894년)

1. 개화의 물결 : 특수계층 사용 → 일반인 사용으로 보편화
2. 일본에서 '화장', '화장품' 용어 들어옴

1916년

'박가분(朴家粉)' 등장 : 피부의 부착성 높이기 위해 '납' 첨가 → 치명적 독성 → 인기 하락

1930년대

1. '서가분' 과 '서울분' 등장 : 납 사용 × but 인기 끌지 못함
2. '구리무' 등장

1945년대

화장품에 다양한 변화 : 콜드크림, 바니싱 크림, 백분, 포마드, 헤어토닉, 콜드 퍼머약, 향수 등 사용

1960년대

1. 우리나라 화장품이 본격화된 시기
2. 부자연스러운 하얀 분화장 → 화사하고 자연스러운 피부 표현
3. 방문 판매 제도 도입 → 가정에서 화장품 쉽게 구입

1970년대

1. TPO 화장법 도입
2. 보습 크림 개발과 화장품 용기의 고급화 시작
3. 국내 화장품의 해외 수출 시작

1980년대

1. Bio cosmetics 시대 열림 – 천연 고분자 보습제와 천연 색소 대량 생산
2. 노화 억제 화장품과 민감성 화장품 개발 → 생리학적인 제품 개발

1990년대

1. 자연성 화장품 대거 등장
2. 머드팩 유행
3. 기능성 화장품 각광(Retinol을 이용한 화장품 등)
4. Hair coloring 유행
5. Aromatherapy 관심 고조 → 피부 관리 분야에 응용

2. 화장품의 정의

2-1. 화장품의 정의

화장품을 뜻하는 'cosmetics'는 희랍어 cosmeticos에 어원을 두고 있는데, 이는 '잘 정리한다, 잘 감싼다'라는 의미로 'cosmos'에서 유래되었다고 한다. 희랍어로 cosmos는 'the order of universe(우주의 명령)'라는 뜻을 지니고 있어, kosmeticos는 '우주의 명령을 받아 아름다운 것을 더욱 아름답게 가꾸어 보기 좋게 하는 기술'이라는 의미가 담겨져 있다.

우리나라에서는 1998년까지만 해도 약사법(의약품, 의약부외품, 화장품, 의료 용구로 구분)에서 화장품을 포함하여 다루고 있었으나 1999년 9월 7일 총 7장 32조 부칙 6조로 구성된 화장품법을 제정하고 2000년 7월 1일부터 시행하게 되었다. 따라서 화장품법 제1장 총칙 제2조 1항의 화장품의 정의에서 보면 화장품을 법적으로 다음과 같이 정의하고 있다.

제2조(정의)

1. '화장품'이라 함은 인체를 청결, 미화하여 매력을 더하고, 용모를 밝게 변화시키거나 피부, 모발의 건강을 유지 또는 증진하기 위하여 인체에 사용되는 물품으로써 인체에 대한 작용이 경미한 것을 말한다. 다만, 약사법 제2조 제4항의 의약품에 해당하는 물품은 제외한다.

2. '기능성 화장품'이라 함은 제1호의 화장품 중에서 다음 각목의 1에 해당되는 것으로써 보건복지부령으로 정하는 화장품을 말한다.
   가. 피부의 미백에 도움을 주는 제품
   나. 피부의 주름 개선에 도움을 주는 제품
   다. 피부를 곱게 태워주거나 자외선으로부터 피부를 보호하는데 도움을 주는 제품이와 같이 화장품은 인체를 청결, 미화하여 아름답게 꾸미는데 도움을 주는 제품들을 말하며, 이러한 목적 외에 사람이나 동물의 질병 진단이나 치료, 처치 또는 예방을 목적으로 하거나 신체구조와 기능에 약리적인 영향을 주기 위해 사용되는 것은 의약품이라 하며 화장품과는 다르다. 의약품에 대한 정의는 약사법에 정의되어 있다.

의약품이란 인체에 직접 작용하여 진단 내지는 예방 및 치료효과가 있는 물품을 의미하며 의약부외품은 인체에 직접적으로 적용되지 않는 것을 의미한다. 일반적으로 의약외품까지 화장품의 영역에 두기도 한다. 의약외품으로써는 발모제, 염모제, 제모제, 탈취제, 체취방지제, 치약, 여성 질 세정제 등이 있으며 어느 정도의 효능·효과를 가지며 정상인이 사용하는 물품을 의미한다. 예를 들어 치약도 우리들이 사용하는 일반적인 치약은 '의약외품'으로 구분되나 잇몸 치료용 치약에는 '의약품'이라는 문구가 새겨져 있다.

<표 1-2> 화장품, 의약외품, 의약품의 차이

구분	화장품	의약외품	의약품
사용 대상	일반 정상인	일반 정상인	환자
사용 목적	청결, 미화, 건강 유지	위생, 청결	질병 진단, 예방, 치료
사용 기간	장기간, 지속적	장기간, 지속적	일정 기간
사용 범위	전신	특정 부위	특정 부위
부작용	없어야 함	없어야 함	어느 정도는 무방
처방	임의 사용 가능	임의 사용 가능	의사 처방 필요

2-2. 화장품법과 약사법의 비교

약사법 중 화장품 관련조항(현행)	약사법 중 화장품 관련조항(현행)	비고
제2조(정의) ⑧ '화장품' 이라함은 인체를 청결 · 미화하고, 피부 또는 모발을 건강하게 유지하기 위하여 도찰 · 살포 기타 이와 유사한 방법으로 사용되는 물품으로써 인체에 대한 작용이 경미한 것을 말한다.	제2조(정의) ① '화장품' 이라 함은 인체를 청결 · 미화하여 매력을 더하고 용모를 밝게 변화시키거나 피부 · 모발의 건강을 유지 또는 증진하기 위하여 인체에 사용되는 물품으로써 인체에 대한 작용이 경미한 것을 말한다.	화장품에 대한 정의를 약간 수정함
	제2조(정의) ② '기능성화장품' 이라 함은 제1항의 화장품 중에서 다음 각 호의1에 해당되는 것으로서 보건복지부령이 정하는 화장품을 말한다. 1. 피부의 미백에 도움을 주는 제품 2. 피부 주름 개선에 도움을 주는 제품 3. 피부를 곱게 태워주거나 자외선으로부터 피부를 보호하는데 도움을 주는 제품	'기능성 화장품' 에 대한 정의를 추가함
제26조(제조업의 허가 등) ① 의약품 · 의약부외품 · 화장품 · 의료 용구 또는 위생 용품의 제조업 또는 소분업을 하고자 하는 자는 보건복지부령이 정하는 바에 의하여 업종별 제조소 별로 보건복지부 장관의 의약품 등에 대한 제조업 허가를 받아야 하며 , 품목별로 품목허가를 받거나 품목 신고를 하여야 한다. 허가를 받은 사항 또는 신고한 사항을 변경하고자 할 때에도 또한 같다.	제3조 (제조업의 신고 등) ① 화장품의 제조를 업으로 하고자 하는 자는 식품의약품안전청장에게 신고하여야 한다. 신고한 사항 중 보건복지부령이 정하는 중요한 사항을 변경하고자 할 때에도 또한 같다.	제조업 또는 수입업을 하고자 하는 자는 현행 허가제에서 신고제로 변경함
	제4조(안전성 심사 등) ① 기능성 화장품을 제조 또는 수입하고자 하는 자는 품목별로 안전성 및 유효성에 관하여 식품의약품안전청장의 심사를 받아야 한다. 심사받은 사항을 변경하고자 할 때에도 또한 같다. ③ 식품의약품안전청장이 화장품 원료로 지정 · 고시한 원료가 아닌 것으로써 국내에 최초로 도입되는 원료를 함유하는 화장품을 제조 또는 수입하고자 하는 자는 제조 또는 수입 전에 그 원료의 성분에 대한 규격 및 안전성에 관하여 식품의약품안전청장의 심사를 받아야 한다.	기능성 화장품에 대하여 품목별로 식약청장에게 심사를 받도록 함 식품의약품안전청고시에 있었던 신규 원료에 대한 내용을 화장품법으로…

제31조 (의약품 등의 생산 관리 의무 및 보고) ② 의약품 등의 제조업자(수입자)는 보건복지부령이 정하는 바에 의하여 의약품 등이 생산 실적(수입 실적) 등을 보건복지부장관에게 보고하여야 한다.	제5조(제조 · 수입 관리업무 및 의무) ③ 제조업자나 수입자는 보건복지부령이 정하는 바에 의하여 화장품의 생산 실적 또는 수입 실적 등을 식품의약품안전청장에게 보고하야 한다.	화장품 수입 실적을 식품 의약품안전 청장으로
제31조 (의약품 등의 생산 관리 의무 및 보고) ② 의약품 등의 제조업자(수입자)는 보건복지부령이 정하는 바에 의하여 의약품 등이 생산 실적(수입 실적) 등을 보건복지부장관에게 보고하여야 한다.	제5조(제조 · 수입 관리 업무 및 의무) ③ 제조업자나 수입자는 보건복지부령이 정하는 바에 의하여 화장품의 생산 실적 또는 수입 실적 등을 식품의약품안전청장에게 보고하여야 한다.	화장품 수입 실적을 식품 의약품안전 청장으로 이관함
제14조(중앙약사심의위원회) ① 보건복지부장관의 자문에 응하게 하기 위하여 보건복지부에 중앙약사심의위원회를 둔다.	제8조 (화장품심의위원회) ① 식품의약품안전청장의 자문에 응하게 하기 위하여 식품의약품안전청에 화장품 심의위원회를 둔다.	심의위원회를 식품의약품안전청으로 이관함
제58조(용기 등의 기재 사항) 의약부외품 또는 화장품의 용기나 포장 및 첨부 문서(첨부 문서가 있는 경우에 한한다)에는 다음 각 호의 사항을 기재하여야 한다. 다만 보건복지부령이 정하는 용기 또는 포장에는 명칭 · 상호 및 가격 외의 기재 · 표시를 생략할 수 있다. 1. 제품의 명칭 2. 제조업자 또는 수입자의 상호 및 주소 3. 주요 성분의 명칭 4. 내용물의 용량 또는 중량 5. 제조 번호 및 제조 년월일 6. 사용상의 주의 사항	제10조(용기 등의 기재 사항) ① 화장품의 용기 또는 포장 및 첨부 문서(첨부 문서가 있는 경우에 한한다)에는 다음 각 호의 사항을 기재 · 표시하여야 한다. 다만 보건복지부령이 정하는 용기 또는 포장에는 명칭 · 상호 및 가격 외의 기재 · 표시를 생략할 수 있다 1. 제품의 명칭 2. 제조업자 또는 수입자의 상호 및 주소 3. 타르색소 등 보건복지부령이 정하는 성분을 함유하는 경우 그 성분의 명칭 4. 내용물의 용량 또는 중량 5. 제조 번호 및 제조 년월일 6. 가격(직접 소비자에게 판매하는 자가 기재 · 표시) 7. 기능성 화장품의 경우 '기능성화장품' 이라는 문구 8. 사용상의 주의 사항	가격 표시의 주체를 '직접 판매자' 에게 정함 라벨에 '기능성화장품' 을 첨가(기능성에 한함)
제63조(과대 광고 등의 금지) ① 의약품 등의 명칭 · 제조 방법 · 효능이나 효능에 관하여 허위 또는 과대한 광고를 하지 못한다. ② 의약품 등의 효능이나 성능에 관하여 약사 · 치과의사 · 한의사 · 수의사 또는 기타의 자가 이를 보증한 것으로 오해할 염려가 있는 기사는 사용하지 못한다.	제12조 (부당한 표시 · 광고 행위 등의 금지) ① 제조업자 · 수입자 · 화장품의 판매자는 다음 각 호의 1에 해당하는 표시 또는 광고를 하여서는 아니된다. 1. 용기 · 표장 또는 첨부 문서에 의학적 효능 · 효과 등이 있는 것으로 오인될 우려가 있는 표시 또는 광고	기능성 화장품에 대한 표시 또는 광고를 첨가함

<table>
<tr><td>③ 의약품 등의 효능이나 성능에 관하여 암시적 기사 · 사진 · 도안 기타 암시적 방법에 의한 광고를 하지 못한다
④ 의약품 또는 의료 용구에 관하여 낙태를 암시하는 문구나 도안을 사용하지 못한다.
⑤ 허가를 받거나 신고를 한 후가 아니면 의약품 등의 명칭 · 제조 방법 · 효능이나 성능에 관하여 광고를 하지 못한다.</td><td>2. 기능성 화장품의 안전성 · 유효성에 관한 심사를 받은 범위를 초과하거나 심사 결과와 다른 내용의 표시 또는 광고
3. 기능성 화장품이 아닌 것으로써 기능성 화장품으로 오인될 우려가 있는 표시 또는 광고
4. 기타 소비자를 기만하거나 오인시킬 우려가 있는 표시 또는 광고</td><td></td></tr>
<tr><td>제55조(판매 등의 금지)</td><td>제14조 (판매 등의 금지)
③ 화장품을 제조 · 수입 · 판매하는 자는 화장품의 용기 담은 내용물을 분할하여 판매할 수 없다</td><td>'판매 등의 금지' 조항에 화장품의 소분업 행위 금지를 첨가함</td></tr>
<tr><td></td><td>부칙
제1조(시행일) 이 법은 2000년 7월 1일 부터 시행한다.</td><td>시행일이 2000년 1월 1일에서 7월 1일로 연기</td></tr>
<tr><td colspan="3">※해설
1. 기능성 화장품에 대한 정의와 표시 기재 사항을 첨가하였음
2. 화장품에 대한 소분업을 '판매 등의 금지' 조항에 포함시킴</td></tr>
</table>

3. 화장품의 사용 목적과 분류

화장품을 사용 목적에 따라 분류하면 기초 화장품, 메이크업 화장품, 모발 화장품, 방향 화장품 및 바디 화장품으로 나눌 수 있다.

<표 1-3> 화장품의 분류

유형별	사용 목적	비고
기초 화장용	세안	클렌징 폼, 클렌징 오일, 클렌징 크림
	피부 정돈	화장수, 마사지 크림, 팩
	피부 보호	로션, 에센스, 크림
메이크업용	베이스 메이크업	메이크업 베이스, 파운데이션, 페이스 파우더
	포인트 메이크업	립스틱, 아이섀도, 네일 에나멜

모발 화장품	세정	샴푸
	컨디셔닝 · 트리트먼트	헤어 린스, 헤어 컨디셔너, 헤어 트리트먼트
	정발	헤어 스프레이, 헤어 무스, 포마드
	웨이브 형성	퍼머넌트 웨이브 로션
	염색 · 탈색	염모제, 헤어 블리치
	육모 · 양모	육모제, 양모제
	탈모 · 제모	탈모제, 제모제
방향 화장품	향취 부여	퍼퓸, 오드뚜알렛, 오드코롱
바디 화장품	세정용	비누, 바디샴푸, 바블 바스
	신체 정돈, 보호	바스 토너, 바디 오일
	선케어	선 스크린 로션, 선탠 오일
	땀의 억제, 체취 방지	데오드란트 로션, 파우더
	탈모, 제모	제모제

기초 화장품은 피부 보호 및 노화의 예방에 초점을 맞추어 개발되고 있으며, 메이크업 화장품은 시대의 유행 및 연령별 선호에 맞추어 개발되는 경향이 강하다. 모발 화장품은 종전의 퍼머넌트제 위주에서 헤어 컬러링으로 확장되는 추세이며, 바디 화장품은 소득 수준의 향상에 따라 종류가 다양해 지고 있다.

소득의 향상과 다양화, 다변화 및 고급화되는 소비자의 기호에 부응하기 위하여 점차 확대되는 것으로 기능성 화장품을 들 수 있는데, 이는 소비자의 욕구가 화장품의 역할을 단순히 건강하고 아름답게 하는 것에서 피부의 상태를 적극적으로 개선시키는 것으로 확대되면서 나타나는 현상이다.

현재 화장품법에서는 미백, 주름 개선, 자외선 차단, 셀프 테닝의 4개 범주의 기능성 화장품을 법정화하고 있는데, 앞으로 그 종류가 확대될 것으로 보인다.

4. 화장품의 품질 특성

화장품은 자신이 원하는 취향이나 피부 타입 또는 연령에 맞게 선택하는 대표적인 기호성 상품의 일종으로 신체를 청결하게 하고 자신을 아름답고 매력있게 표현하고, 자외선이나 건조 등으로부터 피부와 모발을 보호하며, 노화를 예방하고 쾌적한 생활을 즐기게 해준다는 점에서 인간에게 빼놓을 수 없는 필수품이 되고 있다.

화장품에서 품질 특성이란 화장품을 만들어 판매하는 경우 기본적으로 소홀히 해서는 안 되는 중요한 특성으로 안전성, 안정성, 유용성, 사용성(사용감, 사용하기 편리함)을 들 수 있다. 사용성 중에는 사용자의 기호에 따라 선택되는 향기, 색, 디자인 등의 기호성(감각성)도 포함된다.

<표 1-4> 화장품의 4대 요건

구분	내 용
안전성	피부에 대한 자극, 알레르기, 독성이 없을 것
안정성	보관에 따른 산화, 변질, 변색, 변취, 미생물의 오염이 없을 것
사용성	1. 사용감(피부 친화성, 촉촉함, 부드러움 등)
	2. 사용 편리성(형상, 크기, 중량, 기구, 기능성, 휴대성 등)
	3. 기호성(향, 색, 디자인 등)
유효성	보습 효과, 자외선 방어 효과, 세정 효과, 색채 효과 등

<표 1-5> 화장품의 주요 기술과 범위

구분	내 용
소재 기술	미백, 주름 개선, 자외선 차단, 보습, 피지 조절 및 여드름, 자극 완화, 항산화, 육모, 비듬, 피부 흡수, 분체, 계면 활성제, 고분자 화합물
제형 기술	유화, 가용화, 분산, 겔화, 리포좀, 마이크로 캡슐, 피부 흡수 및 안정화
평가 기술	효능 평가, 안전성 평가, 관능 평가, 방부력 평가

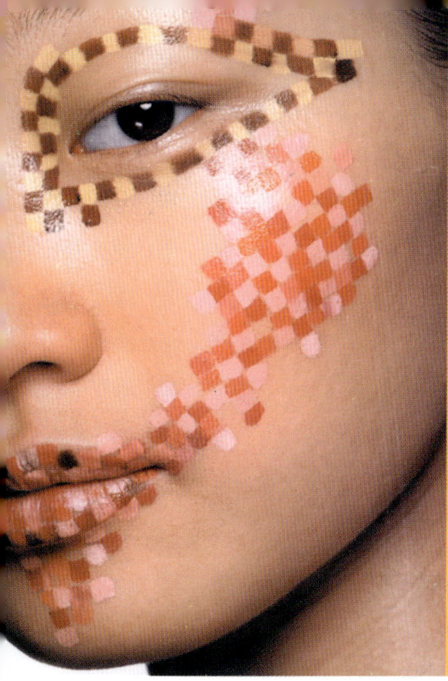

CHAPTER 2 피부와 화장품

1. 피부란

피부는 우리 몸 내부 장기를 감싸주고 인체의 표면을 덮고 있는 인간의 생명보전에 절대 불가피한 중요한 기관이다. 외계와 직접 접하고 있어 여러가지 감염물질이나 햇빛, 온도변화, 습기, 먼지 등 각종 외계의 물리적, 화학적인 자극으로부터 내부를 보호하며 피부와 접촉하고 있는 외적인 요인들이 신체에 주는 영향으로부터 몸을 보호하고 내장의 변화를 피부에 나타내기도 하며 신체의 보호, 체온조절, 분비, 감각, 호흡, 흡수작용 등을 한다.

1-1. 피부의 구조

피부는 크게 표피, 진피, 피하지방층으로 나뉘어져 있다.

1) 표피(epidermis)

표피는 피부의 가장 바깥쪽에 위치하여 1.6~1.8㎡의 면적을 가지며 몸무게의 약 7%를 차지한다.

부위나 성별, 연령에 따라 다소 차이가 있으며 손, 발바닥은 약 6mm, 눈꺼풀은 약 0.5mm이고 전체적인 평균 두께는 약 1.2mm이며 청년이 노인보다, 남자가 여자보다 더 두껍다.

(1) 각질층(stratum corneum)

표피의 가장 바깥층으로 케라틴(keratin)이라는 경단백질로 이루어져 있어 단단하며, 건조한 얇은 각질을 형성하고 20~25개의 층으로 핵이 없는 죽은 세포들로 구성되어 있다. 각질층의 모양은 피부의 표면에 가까울수록 납작한 비늘 모양을 하게 된다.

주성분으로는 케라틴 단백질(50%), 수용액(23%), 지질(20%), 수분(7%)을 함유하고 있으며, 각질층 사이에는 세포간 지질 성분이 주로 세라마이드(ceramide)로 존재하여, 각질층 사이가 단단하게 결합될 수 있도록 해주고 수분의 손실을 억제해 준다.

(2) 투명층(Stratum Lucidum)

빛이 통과할 수 있는 작고 투명한 세포로 구성되어 있고, 엘라이딘(elaidine)이라는 반유동성 물질이 함유되어 있어 투명하게 보인다. 주로 손바닥, 발바닥에 2~3층의 편평한 세포로 되어 있으며 과립층에서 각질층으로 이동해가는 중간층으로 볼 수 있다.

(3) 과립층(Stratum Granulosum)

작은 과립 모양의 세포로 이루어져 있고, 세포는 편평 또는 방추형의 세포들로 2~5층으로 구성되어 있으며, 각질층이나 투명층의 세포와 마찬가지로 핵이 없는 죽은 세포들로 이루어져 있다.

과립층은 수분이 피부 침투에 대한 방어막 역할과 피부 내부로부터의 수분 증발을 저지해 준다. 케라틴 단백질이 뭉쳐진 케라토히알린(keratohyalin)이라는 과립이 존재하며 유황을 많이 함유한 단백질로 이루어져 있다.

(4) 유극층(Stratum Spinosum)

표피 중에서는 가장 두꺼운 층이며 5~10층의 다각형 세포(polygonal, diamond)로 구성되어 있고, 세포의 표면에는 가시모양의 돌기가 있어 세포끼리 다리 모양으로 연결되어 있다.

유극층과 기저층은 살아 있는 세포로 구성되어 있으며 이들 세포층을 말피기층(stratum malpighi)이라 부르고 각화 과정의 시작과 진행에 큰 역할을 하고 있다.

유극층에는 피부의 면역 기능을 담당하는 랑거한스 세포(Langerhan's cell)가 존재하며 세포 사이로 림프액이 흘러, 혈액순환이나 세포의 물질 교환이 이루어진다.

(5) 기저층(Stratum Basale)

표피 중 가장 깊은 곳에 위치하고 단층의 원주형 또는 입방형세포로 이루어져 있으며, 진피와 접하여 서로 물결 모양의 경계를 이루고 물질 교환을 하고 있다.

기저층의 기저 세포는 활발한 세포 분열을 통하여 새로운 세포를 생성하고, 세포 분열하여 생긴 세포가 위로 이동하여 유극 세포가 된다. 이러한 기저층의 세포 분열은 밤에 잠을 자는 동안 가장 활발하므로 밤 동안의 충분한 휴식은 매우 중요하다.

기저층에는 멜라닌 색소를 생산하여 피부의 색상을 결정해 주는 색소 형성 세포인 멜라닌 세포가 있어 멜라닌의 양이 적으면 흰 피부가 되고, 멜라닌의 양이 많으면 흑갈색의 피부가 된다.

<표 2-1> 천연 보습 인자의 성분 조성

성분	조성치
아미노산(Amino Acid)	40.0
피롤리딘 카르복실산(Pyrrolidine Carboxylic Acid-PCA)	12.0
유산염(Lactic Acid)	12.0
요소(Urea)	7.0
NH3, 요산(Uric Acid), 글루코사민(Glucosamine), 크레아티닌(Creatinine)	1.5
구연산(Citric Acid)	0.5
Na(5%), K(4%), Ca(1.5%)	18.5
Mg(1.5%), PO(0.5%), CL(6%), 당(sugar), 유기산(corganicacid), 펩타이드(Peptide)	8.5

1 세포간 지질

각질층에는 각질 세포와 각질 세포 사이에 지질층과 수분층이 반복적으로 나열되어 있는 액정 구조를 취하고 있어 수분 유지 기능과 수분을 필요 이상으로 투과시키지 않는 작용, 자극 물질 등이 피부에 들어오는 것을 막는 작용을 한다. 세포간 지질은 복잡한 조성을 하고 있고 대부분은 세라마이드(ceramide)로 불리는 특수한 지질로 이루어져 있다.

<표 2-2> 세포간 지질의 조성

성분	조성치
세라마이드류(Ceramide)	54%
유리지방산(Free Fatty Acid)	21%
콜레스테롤(Cholesterol)	16%
콜레스테롤에스테르(Cholesterol Ester)	8%

2) 진피(Dermis)

진피는 0.5~4mm로 부위에 따라 다르지만 표피의 15~40배 정도 두꺼우며 평균적으로는 표피의 약 10배로 2mm 정도이다. 진피

조직은 세포가 적고 단백질 섬유나 다당류로 되어있는 기질 등 세포 이외의 성분으로 대부분 구성되어있다. 진피의 성분은 콜라겐과 엘라스틴, 기질을 만드는 섬유아세포(fibro blast)로 구성되어 있으며 혈관이나 림프관을 만드는 세포, 신경섬유를 만드는 세포와 피부의 부속조직인 피지선, 한선 등의 조직이 진피 내에 있다. 진피는 표피에 영양을 공급하고 표피를 지지해 주고 외부의 자극으로부터 몸을 보호하고 수분 저장, 체온 조절 및 표피와 상호 작용하여 피부의 재생을 돕는다. 진피층은 경계가 확실하지 않으나 유두 진피(유두층)와 망상 진피(망상층)로 나누며 표피의 바로 밑을 유두 진피(papillary dermis)라 하고 그 아래 피하 지방층까지의 부분을 망상 진피(reticular dermis)라 한다.

(1) 유두층(Papillary Dermis)

표피와 진피의 경계 부분에 존재하며 요철 모양을 하고 있다. 세포 성분과 기질 성분이 많으며, 성글고 느슨한 결합 조직의 얇고 미세한 교원 섬유와 섬유 사이가 물결 모양으로 되어있어 피부의 팽창과 탄력에 관여한다. 모세 혈관과 신경 종말이 풍부하게 분포되어 있으며, 혈관 분포가 없는 표피로 영양소와 산소를 이동시키거나 신경을 전달하는 역할을 한다.

(2) 망상층(Reticular Dermis)

굵고 응집된 형태의 교원섬유(collagen fiber)와 섬유 사이에 작은 공간으로 이루어져 있으며 피부 표면과 평행하게 존재하는 교원섬유의 그물망 사이에 탄력 섬유가 연결되어 치밀하게 구성되어 있다. 그리고 혈관, 림프관, 신경, 땀샘 등이 복잡하게 분포되어 있으며 탄력성과 팽창성이 크다. 망상 진피의 섬유질은 일정한 방향성을 가지고 배열되어 있는데, 그 방향은 신체의 부위에 따라 다르며 이러한 방향선을 할선 또는 랑거선(Langer' s line)이라 한다.

1 진피의 구성

① 교원 섬유(콜라겐, Collagen fiber) : 콜라겐(교원질)은 진피의 주성분이며 피부 건조중량의 75%를 차지한다. 콜라겐은 섬유아 세포에 의해 생성되고 견 단백질로 이어진 튼튼한 단백질이다. 진피 내에 그물 모양으로 얽혀져 있어 피부의 강인함, 즉 장력(tensile strength)이 만들어진다.

② 탄력 섬유(Elastic fiber) : 탄력 섬유는 진피 건조 중량의 3%로 적지만 교원 섬유보다 가늘고, 교원 섬유 사이를 서로 연결하듯이 지나가 고무처럼 교원 섬유를 서로 붙게 하여 피부의 탄력성을 유지하게 한다. 탄력 섬유의 주 기능은 힘에 의해 변형된 피부가 원래의 모습으로 돌아오도록 피부의 탄력성을 제공하는 것이다. 유두층에는 미세섬유는 풍부하나 탄력소는 적게 포함하고 있으며 성숙한 탄력섬유는 망상층에 존재한다.

③ 기질(Ground Substance) : 기질은 진피의 결합 섬유 사이를 채우고 있는 물질로써, 친수성 다당체의 점액성인 무코 다당류(muco poly saccharide)와 단백질이 결합한 글리코오스 아미노 글리칸(glycos amino glycan)으로 이루어져 있다. 진피 중량의 0.1~0.2%의 비율을 차지하고 있지만, 자기 몸무게의 수백 배에 해당하는 다량의 수분을 보유할 수 있으며, 이러한 기질 속의 물이 영양분, 대사 산물, 호르몬을 혈관에서 조직 중의 세포까지 확장시키는 작용을 한다.

④ 혈관(Blood Vessels) : 진피의 혈관은 유두 진피와 망상 진피의 경계부에 위치한 표재성 혈관총(sub papillary plexus) 및 망상 진피의 하부에 존재하는 심부 혈관총(deep plexus)과 이들을 연결하는 연락 혈관(communicating vessel)으로 구성된다. 피부의 혈관은 염증을 일으키는 중요한 세포들과 밀접한 관련을 가지고 있다.

⑤ 신경(Nerve) : 진피에는 지각 신경(sensory nerve)과 자율운동 신경(autonomic motor nerve)이 분포되어 있다. 지각 신경은 동통, 소양감, 온도 감각, 촉각, 압각, 진동 감각 등을 매개하며 자율 신경은 피부의 혈관 운동, 모발 운동, 땀 분비를 조절한다.

3) 피하 조직(Subcutaneous Tissue or Hypodermis)

피하 조직은 지방세포로써 진피보다 좀 더 아래쪽에 위치하고 있고 근육과 뼈 사이에서 그물 모양을 하고 있으며 밀고 잡아당기는 성질을 지닌 느슨한 결합 조직으로 다량의 피하 지방이 축적되어 있다. 피하 조직의 상반부에는 땀샘부와 모유두가 있으며 다른 기관의 혈관, 림프관, 신경관 등과 연결되어 있어 영양분과 산소를 공급하고 노폐물과 이산화탄소를 거두어들인다. 피하 조직의 두께는 신체의 부위, 연령, 영양 상태에 따라 상당한 차이가 있으며 남성보다는 여성이, 성인보다는 소아가 더 발달되어 있다.

유아기에는 부위에 따른 차이가 없으나 나이가 들어감에 따라 복부나 대퇴부가 두꺼워지고, 여성은 사춘기 이후 여성호르몬의 영향으로 지방이 축적되어 여성스러운 체형으로 바뀌어간다. 피하 지방의 평균적인 두께는 두피, 이마, 귀 등은 약 2mm로 얇지만, 대부분은 4~9mm이고 어깨, 가슴, 하복부, 요둔부, 대퇴 등은 비만으로 조직이 두꺼워지기 쉬운 부위로, 비만인 사람은 30mm 이상인 경우도 있으며 가장 얇은 부위는 눈꺼풀, 귀, 입술 등이다. 피하 지방 조직은 에너지를 지방의 형태로 변환시켜 에너지의 저장고 역할을 담당 할 뿐 아니라 외부의 충격을 완화시키는 쿠션의 역할과 함께 내·외부의 열 이동을 차단하여 체온발산을 막는 역할도 한다.

1-2. 피부의 생리기능

(1) 피부 보호 기능

① 피부는 크게 표피, 진피, 피하 조직으로 되어 있으면서 내부를 보호한다. 특히 표피에 있는 각질층의 천연 피지막은 약산성으로서 살균 능력을 가지고 있어 외부에서 들어오는 여러 가지 박테리아 등 유해 물질을 살균시켜 피부를 보호해 준다.

② 멜라닌 색소는 색소 침착으로 인한 기미를 발생시키는 요인이기도 하지만 자외선을 막아주는 역할을 한다.

③ 피부 표면의 피지막은 수분의 증발을 막고 윤택하게 하여 피부를 건조로부터 보호한다.

(2) 분비, 흡수 기능

피지선에서는 피지를, 한선에서는 땀을 분비하여 피부표면에서 혼합되어 천연 피지막을 만들어 피부를 보호해준다.

또한 NMF(Natural Moisture Factor : 천연보습인자)는 외부로부터 수분 등을 흡수하여 각질층의 피부를 촉촉하게 유지시켜주고 지용성물질이나 유화된 물질, 호르몬, 수은 등 금속성 물질을 흡수한다.

(3) 체온 조절 기능

① 더울 때 : 모세 혈관이 넓어져 혈액순환을 활발히 하여 열을 배출한다.

② 추울 때 : 모세 혈관이 수축되어 혈액순환을 둔화시켜 발열을 억제한다.

한편, 더울 때나 긴장하면 한선에서 땀이 나오는데, 이것은 체내의 열을 발산하기 위한 정상적인 작용이라고 할 수 있다.

(4) 호흡 감각 기능

① 피부는 폐호흡의 1% 정도 호흡을 한다. 우리가 목욕탕 속에 오래 앉아 있으면 답답한 이유가 이 때문이다.

② 진피는 상층까지 말초신경이 분포되어 있어 자극을 받으면 뇌에 전달하는 기능이 있다. (동?, 접촉, 온도, 압력 등 일부 감각)

(5) 각화 작용

기저층에 있는 유핵세포가 각질층에 있는 무핵세포로 되는 과정을 각질화 또는 각화 현상이라 하며 각화 작용에 의해 각질이 떨어져 나간다.

(6) Vitamin D 생성 작용

피부는 자외선을 받으면 지질인 플랜트스테롤(plant sterol), 에르고스테롤(Ergo sterol), 7-하이드로콜레스테롤(7-Dehydro cholesterol)이 자외선을 흡수하여 Vitamin D를 생성한다.

2. 피부의 부속 기관

2-1.한선(Sweat Gland)

한선(sweat gland)은 땀샘이라고도 하며, 땀을 만들어 피부 표면으로 분비하는 곳이다. 크기와 기능에 따라 에크린 한선(eccrine sweat gland)과 아포크린 한선(apocrine sweat gland) 2종류로 나눌 수 있다.

1) 에크린 한선(소한선, Eccrine Sweat Gland)

에크린 한선은 우리가 태어날 때 이미 생성되어 체온 조절을 위해 발달한 기관이며 더울 때나 운동 후에 흐르는 땀은 이곳에서 분비되는 것이다. 주로 사람과 유인원에서만 볼 수 있고 전체 약 200~400만 개 정도가 입술, 음부, 손톱 등을 제외한 전신의 피부에 분포되어 있다. 손바닥과 발바닥에 가장 많이 분포되어 있으며 얼굴과 흉부, 팔, 다리 순으로 분포되어 있다. 실뭉치 모양으로 진피하층 또는 피하조직 내에 존재하며 진피, 표피를 통과하는 도관을 지나 체표면까지 수직으로 직접 연결되어 있다. 그 분비물은 자체의 독립된 땀구멍을 통해 무색·무취의 pH4.5~5.5의 약산성액으로 세균의 번식을 억제한다. 맛은 시면서 짠맛이 나고 사람에게 인지되지 않고(불감지성) 지속적으로 분비되고 있다.

에크린 한선에서 일어나는 발한에는 온기·열기에 반응해 손바닥, 발바닥을 제외한 전신에서 배출되는 온열성 발한과, 온도와는 관계없이 정신적인 자극이나 긴장·흥분에 의해 손바닥, 발바닥, 겨드랑이에서 배출되는 정신적 발한, 매운맛·신맛 등의 강한 미각적인 자극에 반응하는 미각성 발한 등이 있다.

2) 아포크린 한선(대한선, Apocrine Sweat Gland)

아포크린 한선은 포유동물에서 많이 볼 수 있다. 인간의 아포크린 한선은 겨드랑이나 유두, 서혜부, 생식기, 배꼽주위 등 특정 부위의 땀샘을 통해서만 분비되며 체취선이라고도 한다. 에크린 한선보다 크며 피부 표면으로 직접 열려있지 않고 모낭과 연결되어 피부 표면으로 통하게 되어 있다.

이 분비물은 약알카리성으로 세균 감염이 일어나기 쉬우며 분비물이 한선 내부에서 미생물에 의해 분해되면 부패되어 고약한 냄새가 나는 암내 또는 액취증(bromhidrosis)이 발생될 수도 있다.

에크린 한선은 자율신경의 지배를 받으나 아포크린 한선은 호르몬의 영향을 강하게 받으며 백인보다 흑인의 분비량이 많다. 에크린 한선은 연령이 진행됨에 따라 분비 기능이 위축되어 땀 분비가 감소되나 아포크린 한선은 사춘기부터 활동이 활발해져 분비량이 증가하고 연령에 따른 차이는 적다. 또한 남성보다 여성의 분비량이 많으며 특히 생리에 따른 호르몬의 영향으로 생리 전과 생리 중에는 많이 생성되고 임신 중에는 감소된다.

2-2. 피지선(Sebaceous Gland)

동물의 피지선은 피지(sebum)를 분비하여 피부표면을 부드럽게 하고, 털이 물에 젖거나 얽히는 것을 막아준다. 특히 체모가 연모화한 인간은 피지선이 발달되어 피부와 모발을 건조로부터 지켜주며 부드럽게 하거나 마찰을 줄이는 역할을 해준다.

피지선은 손바닥, 발바닥을 제외한 거의 모든 전신의 피부에 존재하고, 신체의 각 부위에 따라 크기, 형태, 분포 밀도가 다르다. 피지선의 수는 머리, 이마, 코, 가슴 부위에 많아 평균 800개/cm^2이며, 팔이나 다리 부위 등 말단으로 갈수록 적어 평균 50개/cm^2이다.

피지선의 분포는 얼굴의 T-zone 부위와 목, 등, 가슴 부위에는 큰 피지선이, 손바닥, 발바닥을 제외한 신체의 모든 부위에 작은 피지선이, 입술, 대음순, 성기, 유두, 눈점막 부위에는 모낭과 무관한 독립 피지선이 존재하며 손바닥, 발바닥 부위에는 피지선이 없다.

피지선은 엄마 뱃속에 있을 때 태아의 모근이 표피의 세포에서 변화하여 모낭과 함께 만들어 진다. 진피층에 위치하고 모낭선에 개구하고 있어 모낭샘이라고도 하며 모발의 굵기와 반비례한다. 지선세포는 기저막(epidermal basement membrance)으로 둘러싸여 포도송이처럼 생긴 주머니 모양이 모근을 중심으로 3~5개 정도의 그룹을 지어 입방체로 분포되어 있으며 이것이 모낭으로 연결되어 모공을 통해 피지가 배출되도록 되어 있다.

지선에서 분비된 직후의 표피 지질은 트리글리세라이드나 왁스에스테르, 스쿠알렌 등의 중성 지질(neutral lipids)이 대부분이고, 콜레스테롤 등 소량의 극성 지질(polar lipids)이 있다.

분비 직후의 표피 지질에는 디글리세라이드와 모노글리세라이드가 들어있으나 피부표면의 지질에는 디글리세라이드와 모노글리세라이드가 들어있는데 이것은 털이나 표피에 있는 박테리아 등의 미생물이 만들어 내는 리파아제(lipase)에 의해 트리글리세라이드가 분해되어 생긴 것이며, 글리세라이드의 분해 결과로 생긴 유리지방산이 자극을 받게 되면 여드름 등의 피부 트러블의 원인이 된다.

<표 2-3> 피지의 조성

성분	지선 지질	표피 지질	피표 지질
스쿠알렌(Squalene)	12(%)	〈0.5(%)	10(%)
콜레스테롤에스테르(Cholesterol Ester)	〈1	10	2.5
콜레스테롤(Cholesterol)	0	20	1.5
왁스(Wax)	23	0	22
트리글리세라이드(Triglyceride)	60	10	25
디/모노글리세라이드(dl/monoglyceride)	0	10	10
지방산(Fatty Acid)	0	10	25
세라마이드류/극성 지질(Ceramide/Polar lipids)	0	30	0
기타	5	10	4

2-3. 모발(털, Hair)

모발은 손바닥, 발바닥, 음부, 입술 등을 제외한 모든 신체 부위에 나와 있는 것으로 시스틴, 글루타민산, 아스파라긴산, 알기닌, 세린, 트레오닌, 티로신 등의 아미노산으로 이루어진 케라틴이라는 단백질로 구성되어 있다.

1) 형태에 따른 분류

형태에 따라 직모(straight hair), 반곱슬모(wavy hair), 곱슬모(kinky hair) 세 종류로 분류되지만 이들 사이의 명확한 구별은 없으며, 단지 모구(hair bulb) 속에서 세포가 균일하게 자라면 직모, 고르지 못한 형태로 자라면 곱슬모로 되고 동양인의 모발은 92~95%가 직모이며 나머지는 반곱슬모이다.

또한 형태에 따른 단면을 비교해 보면 직모의 단면은 대체로 둥근 원형이고 반곱슬모는 타원형, 곱슬모는 납작한 모양을 하고 있다.

2) 굵기에 따른 분류

모발의 굵기는 모낭의 직경과 모양에 따라 다르며 모소피의 비율도 작용하여 대체로 굵은 모발의 경우는 모소피가 10%, 가는 모발의 모소피는 40%를 차지한다.

모발은 굵기에 따라 굵은 모발인 성모(경모)와 가늘고 성인의 얼굴과 모든 신체 부위 모발인 연모, 섬세하고 엷은 솜털로 태아 피부 모발인 취모 세 종류로 분류되고, 성모는 다시 길이에 따라 굵고 긴 털의 장모(성인 모발, 음부와 겨드랑이 부위의 털, 수염 등)와 굵고 짧은 털의 단모(눈썹, 속눈썹, 코털 등)로 분류된다.

3) 색소에 따른 분류

모발의 색은 흑색, 갈색, 금색, 적색 등 다양한데 이러한 색의 차이는 모발에 들어있는 멜라닌 세포의 종류와 수, 크기, 활동력에 의해 나타난다. 멜라닌의 종류는 흑갈색으로 비교적 큰 타원형 구조에 쉽게 탈색되는 성질을 가지는 유멜라닌(eumelanin)과 황적색의 비교적 작고 단단한 구형에 화학적으로도 안정하여 쉽게 탈색되지 않는 페오멜라닌(pheomelanin)의 두 종류로 분류된다.

(1) 모발의 생장 주기(hair cycle)

사람의 모발은 약 10만 개 정도로 생겨 자라나서 일정 기간이 지나면 자연히 빠지고 다시 생성되어 자라는 성장과 휴식을 반복한다. 이러한 생장은 주기적이지만, 각 모낭이 독립적으로 활동하기 때문에 일시에 탈모하지는 않는다. 따라서 모발의 생장 주기에 의해 하루에 80~100개 정도 빠지는 것은 정상 범위에 속하며, 빠지는 모발의 수는 영양 상태, 호르몬의 변화, 모발 손질 방법과 계절에 따라 크게 달라지므로 빠지는 것에 지나치게 신경을 쓰면 정신적인 스트레스로 탈모에 영향을 줄 수 있다. 그러나 모발이 빠지지는 않지만 짧은 모발에서 모선(毛先)이 많아졌다면 모발의 성장 기간이 짧아져 남성형 탈모현상이 나타나고 있음을 의미하므로 주의할 필요가 있다.

① 성장기(Anagen) : 모모 세포가 분열하여 모발이 만들어지고 계속 자라는 활동 시기이다. 3~6년 정도이며 정상적 모발의 85~90%가 여기에 속한다.

② 퇴행기(Catagen) : 세포 분열이 정지되어 더 이상 모발이 성장하지 않는 시기이다. 2~3주 동안 지속되며 전체 모발의 1%가 여기에 속한다.

③ 휴지기(Telogen) : 모발의 고착력이 약해지고 멜라닌 색소도 결핍되며 새로운 모발이 모낭에서 생겨 휴지기의 모발이 위로 밀려나와 빠져버리는 시기이다. 3~4개월 정도 지속되며 모발의 9~14% 정도가 여기에 속한다.

2-4. 조갑(爪甲, 손 · 발톱, Nail)

조갑(손 · 발톱)은 손 · 발가락의 끝 마디 뼈 등 쪽에 있는 각질 판으로, 그 밑에는 세로로 뻗은 진피능선이 있고 한선과 모낭은 없으며 진피의 투명한 말피기층과 모세혈관 말초신경의 분포로 분홍색을 나타낸다.

조갑은 경단백질로 구성되어 산과 알칼리로부터 손끝과 발끝의 피부를 보호해 주고, 손과 발의 장식적 역할과 물건을 잡을 때 받침대의 역할을 한다.

2-5. 피부를 통한 흡수(경피 흡수)

피부에 사용된 화장품의 흡수는 사용된 성분의 종류, 입자 및 제품의 형태, 사용 부위나 연령, 피부 상태, 혈액순환 등에 따라 다소 차이가 나지만 일반적으로 세포와 세포 사이로 침투되거나 모공, 한공을 통해서 또는 각질세포를 직접 통과하여 흡수되기도 한다.

경피 흡수를 높이기 위해서는 흡수 촉진제를 사용하거나 피부온도의 상승 및 수분의 증가, 기기의 사용 등 여러 가지 방법을 활용한다.

1) 피부의 침투를 증가시키기 위한 방법

피부에 화장품을 도포한 후 손으로 문지르거나 눌러주는 등 압력을 가하면 피부 침투를 높이는 데 도움을 줄 수 있다. 또 팩을 하거나 팩 시에 밀봉을 하여 온도를 높이므로 피부 수분이 증가되어 피부로의 유효 성분 침투를 증가시킬 수 있다. 일반적으로 수용성 성분보다 지용성 성분이, 지용성보다 유화된 제품이 침투가 더 용이하며, 계면 활성제는 유화제 또는 가용화제로 사용되어 경피 흡수 촉진에 중요하게 사용된다.

경피 흡수가 낮은 수용성 물질이나 화장품의 피부 침투를 위한 방법에는 이온 영동법과 고주파, 초음파, 전기 삼투압 및 그 외의 전기적 침투 방법을 효과적으로 사용하여 경피 흡수를 돕는다.

피부가 손상을 받으면 물질의 흡수가 증가하므로 물리적, 화학적 peeling은 피부 표면의 각질, 피지 제거 및 가벼운 손상을 가하여 유효 성분의 경피 흡수를 증가시킬 수 있다.

건강한 피부는 새로운 피부 세포를 생산하여 손상된 피부를 복구시키는 능력을 가지고 있다.

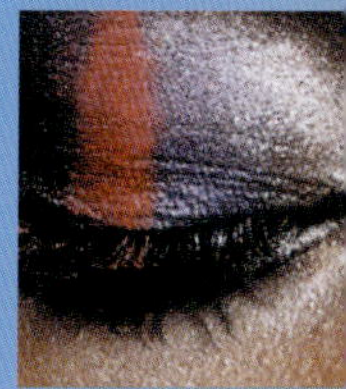

CHAPTER 3 화장품 화학

1. 기초 화학

1-1. 화학의 분야(Branches of Chemistry)

화학에는 두 분야(무기화학, 유기화학)가 있다.

무기화학(inorganic chemisty)은 탄소를 제외한 모든 요소들을 포함하는 물질에 대한 연구 분야이다. 무기 물질은 화학적 반응에 있어서 매우 즉각적이며 물, 공기, 철, 납, 요오드 등이 그 예이다.

유기화학(organic chemisty)은 탄소가 포함되어 있는 모든 물질에 대한 연구 분야이다. 탄소는 모든 동 · 식물, 석유, 석탄, 천연 가스, 그리고 인위적으로 만들어진 많은 물질에서 발견된다. 대부분의 유기 물질들은 연소되며 알코올과 벤젠같은 유기 용매에 용해된다. 그러나 물에서는 용해되지 않는다. 유기 물질은 화학적 반응이 느리게 진행된다. 유기 물질의 예로는 풀, 나무, 가솔린, 오일, 비누, 세제, 플라스틱, 항생 물질 등이 있다.

1-2. 물질(Matter)

물질이란 세 가지 물리적 형태(액체, 고체, 기체)로 존재한다. 머리카락, 사람, 책상, 의자, 벽, 이러한 요소들이 고체 상태(solids)의 물질이며, 관리실에서 사용하는 수렴제, 물 등은 액체 상태(liquids)의 물질이다. 우리가 숨 쉬는 공기는 기체 상태(gases)의 물질이다.

이러한 물질의 상태는 변화하지 않고 있는 것이 아니라 압력과 온도에 따라 상호 변화한다. 물이 온도를 올리면 수증기가 되는 것은 액체에서 기체로 변환되는 것이고, 천연가스에 압력을 가하면 우리들이 연료로써 사용하는 액체가 되는 것이 그 예이다.

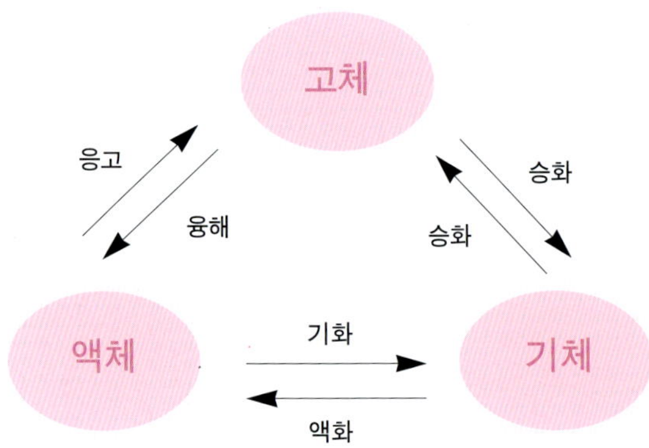

<그림 3-1> 물질의 상태 변화

1) 물질의 구조(Structure of Matter)

(1) 원자(atoms)

원자는 물질의 특성을 지니고 있는 최소 단위이다. 그러므로 수소한 원자는 수소의 특성을 지니고 있다. 이 원자가 파괴되면 더 이상 수소의 특성을 지니지 못하게 될 뿐 아니라 수소원자의 모형도 변하게 된다.

(2) 분자(molecules)

물질 또는 화합물의 기본 특성을 소유하고 있는 최소 단위라 할 수 있다. 만약 분자가 하나의 원소로 이루어져 있다면 원자와 같으며, 그 분자가 화합물이라면 원자들은 서로 다르다. 예를 들면 물 한 분자는 수소 2원자와 산소 1원자(H_2O)로 구성되어 있는 반면 수소 한 분자는 수소 원자 둘 이상을 포함하고 있다.

일반적으로 한 원소의 화학적 반응에 대해서 이야기 할 때 그 원자가 다른 원소들과 결합하려는 경향에 대해 언급하게 된다. 수소는 매우 활동적이고 다른 원소들과 쉽게 결합한다. 반면에 네온은 비활동적이며 다른 원소들과 쉽게 결합하지 않는다. 수소원자의 전자는 쉽게 움직인다. 네온 원자의 전자는 그렇지 않다. 물질은 무한히 변화하며, 이 다양성은 원자들이 비슷하거나 비슷하지 않는 원자들과 결합하여 화합물이라 불리는 거의 무제한적으로 다양한 물질을 만들 수 있기 때문이다. 물질은 원소, 화합물, 혼합물의 형태로 존재한다.

2) 물질의 유형

물질은 무한하게 변화하며 원소, 화합물, 혼합물의 형태로 존재한다.

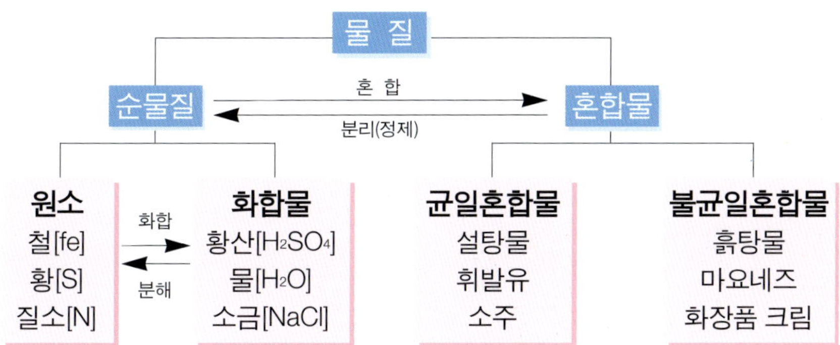

<그림 3-2> 물질의 유형

(1) 원소(Elements)

원소는 모든 물질의 기본 단위이다. 그리고 미세한 물질의 결합으로 생성될 수 없으며 원소 자체가 더 간단한 물질로 줄어들 수 없다. 현재 알려진 바로는 105가지의 원소들이 있다. 가장 흔한 것은 탄소(C carbon), 철(Fe iron), 황(S sulfur), 산소(O oxygen), 아연(Zn zinc), 실리콘(Si silicon) 그리고 은(Ag silver)이다.

<표 3-1> 몇 가지 원소의 이름과 기호

원소 이름	원소기호	라틴어 이름	영어 이름
수소	H	Hydrogenium	Hydrogen
탄소	C	carbonium	Carbon
질소	N	Nitrogenium	Nitrogen
산소	O	Oxygenium	Oxygen
나트륨	Na	Natrium	Sodium
칼륨	K	Kalium	Potassium
알루미늄	Al	Aluminium	Aluminum
철	Fe	Ferrum	Iron
구리	Cu	Cuprum	Copper
은	Ag	Argentum	Silver
금	Au	Aurum	Gold
안티몬	Sb	Stibium	Antimony
주석	Sn	Stannum	Tin
납	Pb	Plumbum	Lead

<표 3-2> 주요 원소의 특성

구분	특성
산소(O)	●일상 생활에서 혹은 화합물에서 발견되는 것으로 가장 많이 존재한다. ●산소는 지구 표면의 약 1/2, 암석의 1/2, 공기의 1/5, 그리고 물의 90%를 차지한다. ●무색, 무취, 무미의 산화물이라 불리며 무수히 많은 종류의 화합물을 만든다. ●산소의 가장 중요한 특성은 연소 지지성이다.

수소(H)	● 무색, 무취, 무미의 기체이며 가장 가볍다. ● 공기와 혼합되었을 때는 가연성이 높고 폭발성이 강하다. ● 수소는 물에서 산소와의 화학적 결합에 의해서 나타난다. ● 나무, 고기, 물고기, 설탕과 버터와 같은 염기성, 산성, 유기 물질에 있어서 다른 물질과의 결합에 의해 나타난다.
질소(N)	● 공기 중에서 흔히 발견되는 원소로 공기의 4/5를 차지한다. ● 질소는 산소를 희석시키므로 생활에 필수적이다. ● 질소는 암모니아와 질산염에서 쉽게 찾아볼 수 있다.

(2) 화합물(Compounds)

둘 이상의 원소가 화학적으로 결합되어 있을 때, 하나의 화합물을 생성한다. 이때 각 원소는 그 특성을 상실하며 새 화합물은 그 나름의 특성을 형성한다. 예를 들면 산화철(녹)은 철과 산소로써 이루어진 화합물이나 두 원소로 인해 각기 다른 특성을 갖는다.

생성된 화합물은 기계적인 방법이 아닌 오로지 화학적 방법에 의해서만 변화가 가능하다. 과산화수소(H_2O_2)는 산소와 수소의 화합물로 독특한 냄새와 약간 신맛을 내는 무색의 액체이다. 실크, 머리카락, 깃털, 손톱과 같은 유기 물질은 과산화수소에 의해 탈색된다. 과산화수소의 산성으로 인해 표백 작용이 나타난다. 20~40%의 과산화수소 용액은 머리카락 표백제로 사용되며 10%(물 90 : 과산화수소 10) 부피의 과산화수소 용액은 방부제 성질을 갖는다.

<표 3-3> 화합물의 분류

산화물 (oxides)	**산소와 결합된 어떤 원소의 화합물** (예) 탄소 1분자와 산소 2분자는 이산화탄소(CO_2)이고, 고체 상태에서 흔히 드라이 아이스로 알려져 있다. 탄소 1분자와 산소 1분자는 일산화탄소(CO)이며 이것은 자동차의 유해가스로 잘 알려져 있다.
산 (Acids)	**질소와 산소같은 비금속 물질과 수소의 화합물** (예) 수소 + 황 + 산소 = 황산(H_2SO_4) 산성 화합물을 확인하는 가장 빠른 방법은 푸른 리트머스 시험지를 붉은색으로 변하게 하는지 알아보는 것이다.

염기 (bases)	**알칼리로 알려진 염기는 금속, 수소, 산소의 화합물** (예) 나트륨 + 산소 + 수소 = 가성소다(NaOH) 이것은 비누 제조에 사용된다. 염기는 붉은 리트머스 시험지를 푸른색으로 변화시키며, 미끈미끈한 느낌이 있다.
염류 (salts)	**산과 염기의 반응시 생성된 화합물** - 반응에 의해 또한 물이 만들어진다. 2개의 흔한 염류는 다음과 같다. ① 식용 소금(염화나트륨 : NaCl) : 나트륨과 염소 포함 ② 황산마그네슘($MgSO_4 \cdot 7H_2O$) : 마그네슘, 황, 수소, 산소 포함

(3) 혼합물(Mixtures)

혼합물은 둘 이상의 원소가 화학적이 아닌 물리적인 결합으로 생성된 물질이다. 혼합물 각 구성 물질의 성질을 변화시키지 않고, 그들 개개의 성질을 갖는다. 예를 들면 콘크리트는 모래+자갈+시멘트로 구성되어 있다. 콘크리트가 제기능을 갖춘 혼합물인 반면에 개개의 성분들은 결코 그 성질을 상실하지 않는다. 모래는 모래, 자갈은 자갈, 시멘트는 시멘트 고유의 성질이 그대로 유지된다.

공기(Air)는 지구의 대기를 형성하는 기체의 혼합물이다. 무색, 무취이며 한 부피의 산소와 네 부피의 질소로 구성되어 있다. 또한 공기는 소량의 이산화탄소, 암모니아도 포함하고 있으며, 동·식물의 생활에 있어서 필수적이다.

3) 물질의 변화(Changes in Matter)

물질은 물리적 방법과 화학적 방법에 의해 변화된다.

물리적 변화는 그 성분이나 성질은 변화하지 않고 색깔이나 경도, 밀도, 모양 등이 변화되는 것을 의미하고, 화학적 변화는 어떤 물질이 변화될 때 그 물질이 가지고 있는 성분이 변화하여 그 성질이 완전히 새로운 물질로 변화하는 것을 의미한다.

<표 3-4> 물리적 변화와 화학적 변화

변 화	성분	화학적 성질	물리적 성질	예
물리적 변화 (physical change)	불변	불변	변화	● 버터가 녹았다. ● 나무를 톱으로 잘랐다. ● 유화제품 화장품이 유 · 수상으로 분리되었다.
화학적 변화 (chemical change)	변화	변화	변화	● 쇠가 녹슬었다. ● 음식을 소화하였다. ● 퍼머넌트 웨이브를 하였다.

4) 물질의 성질(Properties of Matter)

상이한 물질을 구별하는 방법을 일컫는다.

<표 3-5> 물질의 성질

물리적 성질	밀도 (density)	**단위 부피에 의해 측정된 물질의 무게** (예) 물이 든 1피트 입방체의 부피는 62.4파운드(29Kg)이다. 그러므로 농도는 62.4파운드÷1입방피트, 즉 물은 1입방피트당 62.4파운드의 밀도를 지님
	비중 (specific gravity)	**물을 기준으로 한 비교 밀도** (예) 물의 밀도 = 1, 구리는 8.9배나 조밀하다. 구리의 비중은 8.9이다.
	냄새 (odor)	**물질의 냄새는 물질을 구별하는데 도움을 준다.** (예) 암모니아티오글리콜산암모늄의 독특한 냄새는 '티오' 라 알려져 있는데 우리로 하여금 이 물질을 확인하는데 도움을 준다.
	색 (color)	**색은 많은 물질을 구별하는데 도움을 준다.** (예) 금, 은, 구리, 황동, 석탄 등의 색을 구별할 수 있다.
	맛 (taste)	**맛은 물질을 식별할 수 있게 도와준다.** (예) 노루발풀(wintergreen)의 오일은 박하향(peppermint) 맛이다.
화학적 성질	가연성 (combustibility)	인은 상당한 연소력을 지닌 물질이다. - 이러한 이유로 인은 성냥 끝에 사용된다. - 표면에 성냥을 그어댐으로써 발생된 열은 성냥에 확 붙게 만든다.
	연소지지성 (support combustibility)	나무의 화학적 성질 중의 하나는 연소 지지성이다. - 그러므로 나무는 성냥 제조에 쓰여진다. - 인으로 된 끝에 불이 붙으면 나무가 그 불을 꺼지지 않게 해준다.

1-3. 산(acid)과 염기(base)

산과 염기는 여러 가지 의미로 표현할 수 있지만, 가장 간단하게 정의하면 산이란 화학적으로 H^+ 이온을 내는 물질이고, 염기는 OH^-를 내는 물질로 정의할 수 있다.

$$HCl \rightarrow H^+ + Cl^- \quad \text{(산)}$$
$$NaOH \rightarrow Na^+ + OH^- \quad \text{(염기)}$$

1-4. pH(power of hydrogen ions)

산과 염기의 세기를 나타내기 위한 수단으로 pH를 사용하는데, 산성인지 알칼리성인지를 표시하기 위해 취하는 값이다. 이 값을 얻는데 이용되는 표준은 순수한 물이다. 보통의 조건에서 순수한 물의 일부는 수소이온(H^+)과 수산이온(OH^-)이 같은 상태로 이온화되어 있다. 보통 물 1리터 중에 H^+는 0.0000001g(즉, 10^{-7}몰)이 이런 상태로 존재하는 이때를 중성이라고 부르고 pH 값은 7이다.

용액 속의 수소이온과 수산이온의 양이 똑같아 용액이 중성인 때의 pH는 7이다. 수소이온이 수산이온보다 많아 용액이 산성을 나타내는 때의 pH는 7보다 작아진다. pH가 1이라는 때는 강산이며, pH가 1만큼 변하면 수소이온의 농도는 10배 변하는데, 예를 들면 pH 3인 용액의 산성도는 pH 4인 용액보다 10배 강하다.

반대로 수산이온이 수소이온보다 많아 용액이 알카리성을 나타내는 때의 pH는 7보다 크게 되고 수산화나트륨(NaOH)처럼 강알카리의 경우는 pH는 14에 가깝게 된다. 산성과 알칼리성을 손쉽게 구분하기 위해서는 pH 페이퍼나 pH 미터 기기를 사용하여 측정한다.

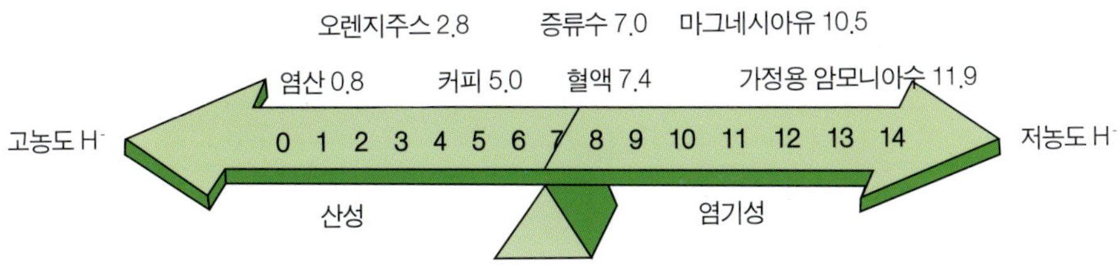

<그림 3-3> 산성도

<표 3-6> 여러 용액의 pH

용액	pH	용액	pH
식초	2.8	레몬주스	2.3
오렌지쥬스	3.7	토마토주스	4.1
우유	6.6	블랙커피	5.0
위액	1.0	혈액	7.4

1-5. 산화와 환원

원래 산화는 산소와 결합하는 것을 의미하였고 환원은 그 반대를 의미하였으나 현대에 있어서 산화 · 환원의 정의는 그 영역이 확대되어 산소(O), 수소(H), 전자 이것들을 얻었느냐 잃었느냐에 따라 정의된다.

<표 3-7> 산화, 환원의 정의

	산소	수소	전자
산화	얻는 것	잃는 것	잃는 것
환원	잃는 것	얻는것	얻는것

2. 계면 화학

화장품은 많은 물질로 된 혼합물로써 화장품을 설계하고, 제조하고 안정하게 보존하기 위해서는 물리화학적 지식을 가지고 있어야 한다. 여기서는 화장품과 관련 깊은 분야인 계면 화학에 대해서 설명한다.

2-1. 계면 활성제 정의

계면이란 서로 섞이지 않는 두 상(phase)이 접하고 있는 경계면을 말한다. 계면 활성제란 한 분자 내에 물을 좋아하는 친수성기(hydrophilic group)와 기름을 좋아하는 친유성기(lipophilic group)를 함께 갖는 물질로 물과 기름의 경계면, 즉 계면의 성질을 변화시킬 수 있는 특성을 가지고 있다. 일반적으로 친수성기를 둥근 머리 모양으로 나타내고, 친유성기는 소수성기(hydrophobic group)라고도 하며 꼬리 모양으로 나타낸다.

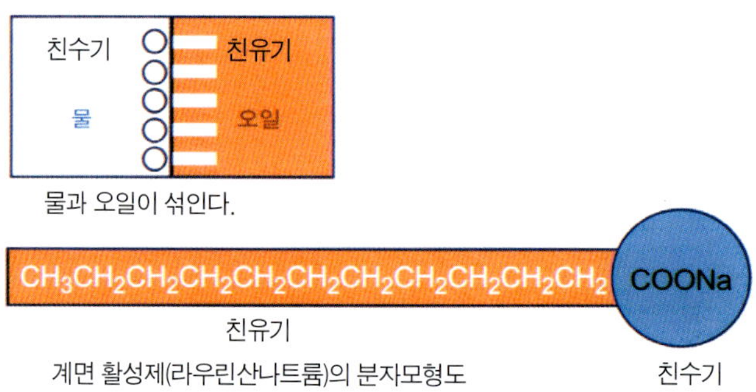

<그림 3-4> 계면 활성제의 구조와 성질

2-2. 계면 활성제의 분류

계면 활성제의 분류에는 여러 가지 분류하는 방법이 있지만, 가장 많이 이용되는 것은 수용액 내에서 해리되는 성질, 즉 이온형에 따른 분류이다.

이온형에 의한 분류란 계면 활성제를 물에 용해시킬 때 이온으로 해리되는가, 되지 않는가를 기준으로 하고, 그의 생성한 이온 종류에 따라서 분류하는 방법이다. 이 분류 방법에 따라 크게 이온성 계면 활성제(양이온성, 음이온성, 양쪽성)와 비이온성 계면 활성제로 구분이 가능하다.

<표 3-8> 계면 활성제의 구조

변 화	물리적 성질	예
양이온 계면 활성제 (cationic surfactant)	유연 효과, 대전 방지 효과(정전기 발생을 억제)	헤어 린스 헤어 트리트먼트
음이온 계면 활성제 (anionic surfactant)	세정 작용과 기포 형성 작용이 우수	세안용 비누, 세안용 크림, 면도용 크림, 샴푸, 치약
양쪽성 계면 활성제 (amphoteric surfactant)	세정 작용이 있으며 피부 자극 및 독성이 적다.	베이비 제품 에어로졸 제품
비이온 계면 활성제 (nonionic surfactant)	HLB와 Cloud point가 있으며 피부 자극이 적다.	가용화제, 유화제 분산제

계면 활성제는 사용 용도에 따라 크게 가용화제, 유화제, 습윤제, 세정제로 분류된다. 가용화제는 용매에 대한 용해도가 낮은 물질을 용해시켜 주는 물질로 빛을 투과시킬 수 있는 투명한 액체를 만들어 주는 계면 활성제이다. 주로 HLB 15~18 정도에서 가용화 성능을 가진다. 유화제란 서로 섞이지 않는 두 액체를 일정 기간 분산, 안정화시키는 물질로 HLB 4~15이다. 습윤제는 물 또는 수용액이 다른 액체나 고체 표면으로부터 공기를 대체하는 능력을 증가시키는 물질이다. 세정제는 액체의 세정력을 증가시키는 물질로 HLB 13~15이다.

2-3. 계면 활성제의 특성

1) HLB(Hydrophilic Lipophilic Balance)

계면 활성제는 친수성기와 친유성기를 동시에 가지고 있으므로 그 성질이 친수성인가 친유성인가를 나타내는 상대적 세기를 나타낸 것이 HLB이다. 에틸렌옥사이드(EO)가 부가된 계면 활성제에 대해 0에서 20의 값을 부여한 것으로, HLB 값이 20에 가까울수록 친수성이 큰 계면 활성제로 분류한다. 단 HLB 값은 비이온 계면 활성제에만 적용 가능하다.

<표 3-9> 주요 계면 활성제의 HLB

분류	바이온 계면 활성제	상품명(Uniqema)	HLB
디가알코올 에스테르 (친유성 유화제	Sorbitan laurate	Arlacel 20	8.6
	Sorbitan palmitate	Arlacel 40	6.7
	Sorbitan stearate	Arlacel 60	4.7
	Sorbitan oleate	Arlacel 80	4.3
	Sorbitan trioleate	Arlacel 85	1.8
EO 부가물 다가알코올 에스테르 (친수성 유화제)	POE(20) Sorbitan laurate	Tween 20	16.7
	POE(20) Sorbitan palmitate	Tween 40	15.6
	POE(20) Sorbitan stearate	Tween 60	14.9
	POE(20) Sorbitan oleate	Tween 80	15.0
	POE(20) Sorbitan trioleate	Tween 85	11.0

<표 3-10> 계면 활성제 HLB 값과 용도

HLB 범위	화장품에의 용도	예
1.5-3	소포제	
4-6	W/O 유화제	주로 Sun-care 제품
7-9	Wetting agent	파우더
8-18	O/W 유화제	로션, 크림
13-15	세정제	세제
15-18	가용화제	스킨류

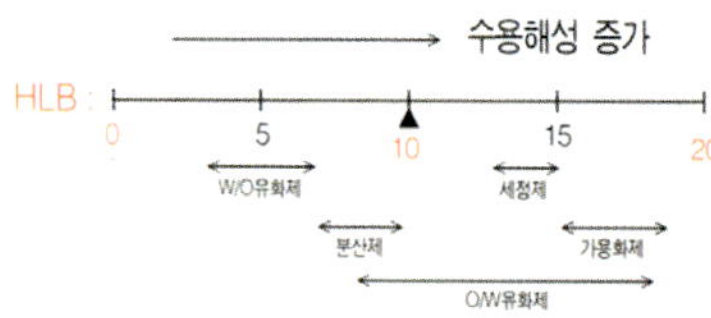

2) 미셀(Micell)

분자 내에 친수성 부분과 친유성 부분을 모두 가지고 있는 물질을 양친매성(兩親媒性) 물질이라 부르며, 계면 활성제가 그 전형적인 예이다. 이와 같은 물질을 물에 녹이면 어떤 농도 이상에서 친수성기(親水性基)는 밖으로, 친유성기(親油性基)는 안으로 향하는데 수십 개 정도의 분자가 모여서 회합체(會合體)를 만든다. 미셀은 이러한 회합체를 말하는데, 수십 nm의 지름을 가진 회합 콜로이드의 일종이다.

3) 임계미셀농도(CMC, Critical Micelle Concentration)

미셀이 막 생성되기 시작할 때의 계면 활성제의 농도를 임계미셀농도(CMC, Critical Micelle Concentration)라고 부른다. 이 임계미셀농도를 경계로 그 이전의 농도에서는 계면 활성제로써의 아무 역할을 할 수 없고 이 농도를 넘어서면서 용액은 표면 장력, 응고점, 세정력, 탁도 등의 물리화학적 성질이 변한다.

4) 하부임계온도(Cloud point)

폴리에틸렌글리콜(PEG)을 친수성 작용기로 하는 비이온성 계면 활성제의 수용액은 온도를 증가시키면 급속히 탁한 상태로 되는데, 이때의 온도를 하부임계온도라 한다. 이는 폴리에틸렌글리콜의 산소와 물과의 수소결합이 온도 상승에 따라 증가된 에너지에 의해 끊어지기 때문에 나타나는 현상으로 하부임계온도는 이하의 온도로 낮출 경우 다시 용해되어 투명한 액체로 바뀐다. 이 하부임계온도는 HLB를 아주 정확하게 나타내므로 비이온성 계면 활성제의 품질 관리 지표로 이용된다.

5) 크래프트점(Kraff point)

이온성 계면 활성제는 임계미셀농도(CMC)와 같아지는 온도에서 물의 용해도가 급격히 증가하게 된다. 이는 임계미셀농도(CMC)에서 미셀을 생성하기 때문인데, 이 온도를 크래프트점(Krafft point)이라 한다. 세정제 경우 크래프트점 이하에서 사용하면 세정 효과가 나타나지 않는다.

6) 계면 활성제의 안정성

① 분자량 300~600 부근이 자극이 크다.
② 비이온성 계면 활성제가 이온성 계면 활성제보다 자극이 적다.
③ 계면 활성능이 높을수록 자극이 높아질 가능성이 많다.
④ 친유기에 벤젠 구조를 갖을 때 자극이 높다.
⑤ HLB 10 부근에서 자극이 가장 높다.
⑥ POE(Polyoxyethylene) 분포가 넓을수록 자극이 높을 가능성이 많다.

2-4. 계면 활성제의 3대 작용

화장품을 연구 및 제조하는데 있어 계면 활성제의 3대 작용에는 가용화, 유화, 분산이 있다.

화장품 제조에 필요한 주요 기술로는 수성 성분에 소량의 유성 성분을 투명하게 녹이는 가용화 기술, 수성 성분과 유성 성분을 균일하게 혼합하는 유화 기술, 불용성 고체 입자를 균일하게 분산시키는 분산 기술이 있다. 이외에도 최근에는 리포솜과 마이크로캡슐에 대한 기술이 화장품 분야에서 널리 이용되고 있다.

1) 가용화(可溶化, Solubilization)

우리들이 사용하는 화장수가 약간의 끈적거리는 느낌을 받는 것은 많은 양의 물에 소량의 오일 성분이 들어있기 때문이다. 아무리 적은 양의 오일이라 할지라도 물과는 섞이지 않을 것이다. 가용화란 물에 소량의 오일 성분이 계면 활성제에 의해 투명하게 용해되는 상태를 말하는 것으로 미셀의 친유기가 모인 부분에서는 유용성의 성분을 녹일 수가 있다. 이때 이 미셀의 크기는 가시광선의 파장(400~800nm)보다 작아서 빛을 그대로 투과시키므로 투명한 상태로 보인다. 계면 활성제는 친수성이 강한 HLB 15~18인 것을 사용하며, 화장품의 예로서는 화장수, 에센스, 헤어 토닉, 헤어 리퀴드, 포마드, 립스틱, 네일 에나멜, 향수 등이 있다.

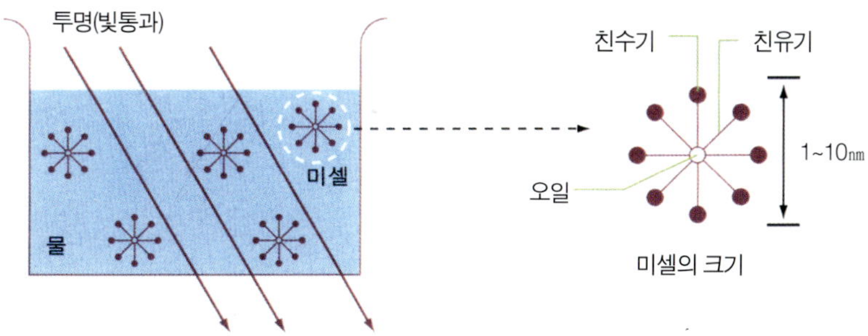

<그림 3-5> 가용화의 원리

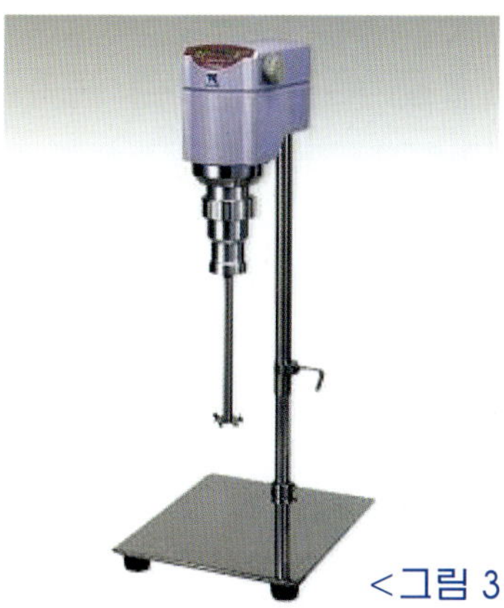

<그림 3-6> 가용화에 사용되는 기기(교반기)

2) 유 화(乳化, Emulsion)

유화(에멀션)란 물과 기름처럼 서로 섞이지 않는 두 가지 액체의 한쪽을 작은 입자(내상)로써 다른 쪽의 액체(외상) 중에 안정한 상태로 분산시킨 것을 말한다. 화장품에서는 로션, 크림, 에센스, 마사지 크림, 클렌징 크림, 메이크업 베이스, 파운데이션, 아이라이너, 마스카라 등에 광범위하게 적용되고 있다.

즉, 물과 같은 액체 중에 서로 섞이지 않는 오일 같은 액체를 0.1~수십 ㎛의 작은 입자 상태로 균일하게 분산시킨 것이다. 이 유화를 도와주기 위해 계면 활성제(유화제)를 넣어준다.

유화 입자의 크기는 가시광선의 파장보다 커서 빛을 통과시키지 못하고 산란시킨다. 그 결과 유화 제품은 불투명하고 뿌옇게 백탁화되어 보인다.

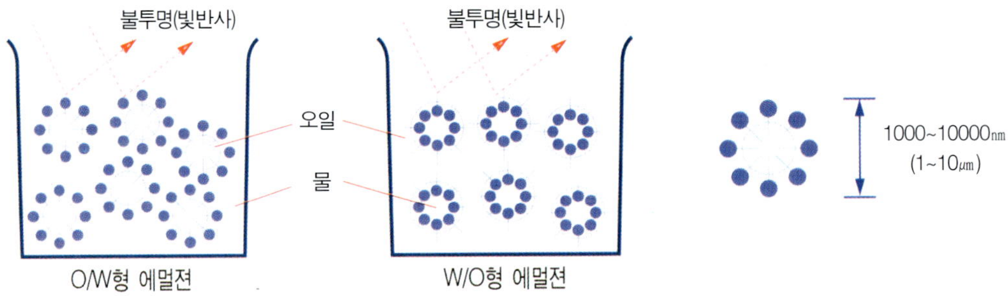

<그림 3-7> 유화의 원리

에멀션의 형태에 따라 O/W형, W/O형, O/W/O형, W/O/W형으로 나뉜다.

<표 3-11> 에멀션의 형태에 다른 분류

분류	형태	특징	비고
O/W형	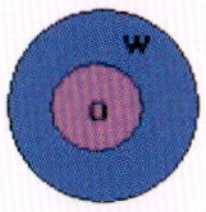	●물(외상)에 오일(내상) 성분이 섞여 있는 형태 ●약 65~90%의 물로 구성되어 있어 물에 쉽게 희석 ●높은 수분을 지니고 있는 우윳빛의 흐르는 액체 ●유동성을 낮추기 위해서는 증점제가 사용됨 ●모이스처라이징 로션, 클렌징 로션, 선탠로션 등	수중유형 (水中油形)
W/O형	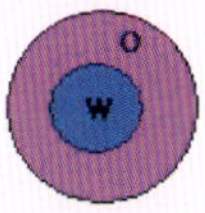	●오일에 물이 섞여 있는 형태 ●O/W형 에멀션보다 유분이 많다. ●피부로부터 수분 손실 방지를 도움 ●피부에서의 불순물 제거에 유용 ●물과 혼합되지 않으며 대개 끈적한 크림 형태 ●나이트용 화장품, 클렌징 크림, 헤어 크림 등	유중수형 (油中水形)
O/W/O형	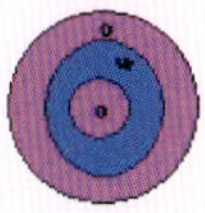	●O/W형 에멀션을 다시 기름에 유화시킨 형태	다상에멀션 (multiple emulsion)
W/O/W형	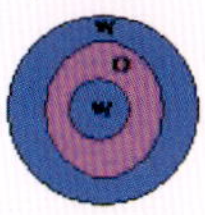	●W/O형 에멀션을 다시 물에 유화시킨 형태 ●O/W형 에멀션에 비해 보습 효과가 우수 ●영양 물질과 생리 활성 물질을 안정한 상태로 보존 ●보습 크림, 영양 크림 등	다상에멀션 (multiple emulsion)

에멀션은 입자 크기에 따라 크게 마크로 에멀션(macroemusion), 미니 에멀션(miniemulsion), 마이크로 에멀션(Microemulsion)으로 나눈다.

<표 3-12> 에멀션의 입자 크기에 따른 분류

형 태	입자 크기	내 용
마크로 에멀션 (Macroemusion)	1~10㎛	다량의 오일 함유한 백색 에멀션 - 가장 일반적 형태
미니 에멀션 (Minimusion)	0.1~1㎛	푸른 빛 도는 반투명 외관 나노 에멀션이라고도 함
마이크로 에멀션 (Microemusion)	20~100㎚	투명 또는 반투명의 형태 - 매우 안정한 형태

<그림 3-8> 유화에 사용되는 기기(호모믹서)

유화는 크게 물리·화학적인 방법(계면 화학적인 측면)과 물리적인 방법(기계적인 측면)이 합쳐져서 만들어진다. 물리·화학적인 방법은 유화제의 친수성-소수성 밸런스(HLB 값), 유화제의 농도, 유화 온도, 유화제 첨가 방법 등이 있다. 물리적인 방법은 고전단력을 가지거나 고압을 줄 수 있는 유화 기기를 활용하여 입자를 작게 분산시키는 방법이 있다. 가장 흔히 사용하는 기기로 호모믹서(homo-mixer)가 있으며, 최근에는 마이크로 에멀션을 생성시킬 수 있는 마이크로 플루다이저(micro fluidizer)를 사용하기도 한다.

3) 분산(分散,Dispersion)

화장품에서 분산(dispersion)이란 안료 등의 고체 입자를 액체 속에 균일하게 혼합시키는 것을 말하며, 이때 사용하는 계면 활성제를 분산제(dispersant)라 부른다. 주로 메이크업 화장품의 제조에 이용되는 기술로 화장품에서 고체 입자를 액체에 분산시킨 것으로는 파운데이션, 마스카라, 아이라이너, 네일 에나멜 등이 있다.

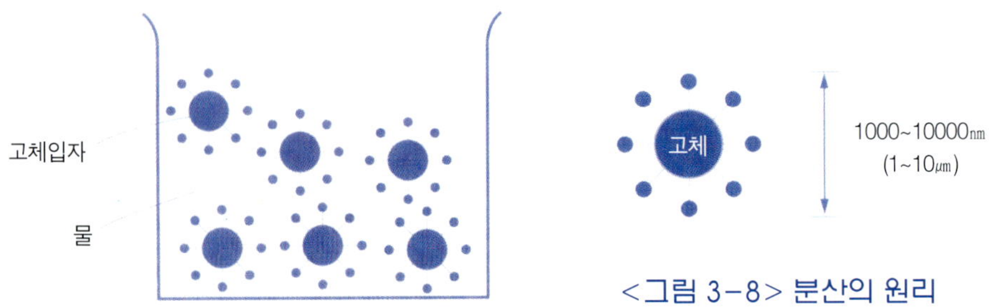

<그림 3-8> 분산의 원리

CHAPTER 4

화장품 성분

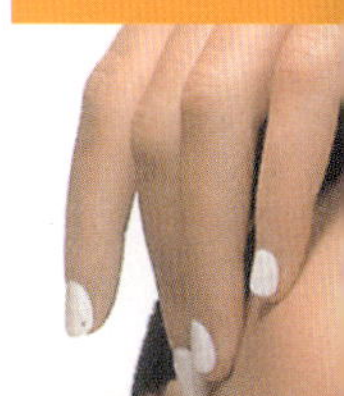

[화장품 성분]

현재 화장품의 원료로 사용되는 종의 수는 약 3000여 가지에 이른다. 최근에는 기능성 화장품 및 천연 화장품의 수요가 급증함에 따라 새로운 물질이 자연으로부터 추출되거나 인공적으로 새롭게 합성되어 계속적으로 만들어 지고 있다.

또한 원료의 기능성을 최대한 부각시키기 위해서 또는 피부에 대한 자극성을 최소화하거나 피부 흡수율을 좋게 하기 위해서 천연 원료의 사용 및 나노 기술(nano technology) , 캡슐화 기술(capsule technology)을 비롯한 신진 기술이 도입되고 있다. 화장품의 원료로 사용될 수 있는 성분은 현재 화장품 원료 기준(장원기)에 등재되어 있는 것들로 《한국 화장품 원료집(Korea Cosmetic Ingredient Dictionary)》, 《국제 화장품 원료집(International Cosmetic Ingredient Dictionary)》 등에 등재되어 있는 것들로 그 성분 및 규격을 제한토록 되어 있다.

따라서 이 장에서는 화장품의 원료로 사용되는 성분들의 각각의 종류 및 특성을 공부하여 화장품 사용에 대한 이해의 폭을 넓히고, 화장품 선택에 있어서 그 기능을 제대로 알고 선택하여 사용할 수 있도록 화장품 성분들에 대한 종류별 특성을 설명하고자 한다.

1. 유성 원료

피부 표면에는 수분 외에 피지 등의 유분이 있어 에멀젼(emulsion) 상태의 피지막을 조성함으로 인하여 우리의 피부를 보호하고 있다. 화장품 성분 중 가장 큰 비중을 차지하는 유성 원료는 피부에 얇은 유막을 형성하여 피부의 수분이 증발되는 것을 방지하는 보습 기능과 함께 에멀젼을 만드는 주요 원료이기도 하다.

유성 원료는 화학적인 구조와 성질 등에 의해 유지, 왁스, 탄화수소 그리고 고급 지방산, 고급 알코올, 에스테르 등으로 나뉜다.

1-1. 유지 (fats and oils)

지방과 지방유를 모두 유지라고 한다. 동물의 피하조직 또는 식물의 종자나 과일의 열매 등에서 얻을 수 있다. 유지는 화학적으로 3가의 알코올인 글리세린과 지방산의 화합물인 에스테르로 글리세리드라고 한다.

유지는 피지선에서 분비되는 피지와 비슷하며, 고급 지방산을 포함하고 있다. 유지를 원료로 하는 화장품은 피지와 피지막의 기능을 보충하여 피부를 건강하게 보호하는 역할이 가장 크다.

유지는 식물성 유지와 동물성 유지로 크게 나뉘는데, 식물성 유지는 식물의 열매나 종자, 꽃잎 등에서 얻어지는 것으로 공기 중에서의 상태에 따라 건성유, 반건성유, 불건성유로 나누어진다. 건성유는 공기 중에 방치하면 표면에 막이 생기고, 굳어 건조상태로 된다. 그러나 불건성유는 공기 중에 방치해도 건조되지 않고, 반건성유는 건성유와 불건성유의 중간적인 성질을 보인다. 화장품의 원료로 사용되는 것은 공기 중에서도 건조되지 않는 불건성유이다. 동물성 유지는 주로 동물의 피하지방 조직에서 추출하고 육산 동물유와 수산 동물유로 구분되는데, 식물성 유지에 비해 열에 의해 쉽게 변성되고 착색되어 있거나 악취가 나는 경우가 있어 극히 일부만이 사용되고 있다.

1) 식물성 유지

주로 사용되는 몇 가지 식물성 유지들의 특징을 살펴보면 다음과 같다.

(1) 올리브유(olive oil)

올리브의 열매에서 채취된 지방유로 피부 침화성이 매우 좋다. 불포화 지방산인 올레인산이($C_{17}H_{33}COOH$) 65~85%로 가장 많이 포함되어 있다. 피부 표면의 수분증발을 억제하고 사용 감촉을 향상시키는 효과가 있어 일소용 오일, 마사지용 오일로 사용되고 각종 크림과 립스틱, 모발용 화장품의 원료가 된다.

(2) 동백유(camellia oil)

동백 열매의 씨를 압착, 정제하여 얻는다. 올레인산이 많이 포함되어 있어 항산화에 있어 중요한 역할을 한다. 예로부터 머릿기름으로 사용되어 왔고, 주로 모발 제품에 이용된다. 피부에 대한 거부감이 없고 흡수성이 좋다.

(3) 아보카도유(avocado oil)

아보카도 열매에서 추출되는 지방유로 피부에 수분과 부드러움을 유지시키며 다른 천연 오일에 비해 자외선 차단 효과가 우수하다. 피부 친화성이 높고 살균 및 진정 효과 또한 좋다. 크림류, 립스틱, 선탠 제품 등 화장품 종류에 다양하게 응용된다.

(4) 피마자유 (castor oil)

피마자의 종자에서 추출한 지방유로 점도가 크고 다른 성분들이 잘 결합하도록 가교 역할을 해준다. 색소와 잘 혼합되어 립스틱이나 네일 에나멜 등에 주로 사용 된다.

(5) 호호바유(jojoba oil)

미국 남부와 멕시코 북부의 건조 지역에서 자라는 호호바 열매의 씨로부터 추출하는 오일로 옛날부터 원주민들에 의해 피부 치료 등의 약용목적으로 사용되어 왔다.

공기 중에서의 산화 및 열에 안정하며 피부에 도포 시 퍼짐성이 좋으며 산뜻하고 부드러운 감촉을 준다.

2) 동물성 유지

주로 사용되는 몇 가지 동물성 유지를 살펴보면 다음과 같다.

(1) 난황유(egg oil)

계란 노른자위 추출물로 민감한 피부를 위한 제품에 사용되는 유화 성질의 유지이다. 피부에 일시적인 탄력 효과를 제공할 수 있다. 계란에 알레르기가 있는 사람에게는 피부 발진이나 다른 질환의 원인이 될 수 있다.

(2) 밍크유(mink oil)

밍크의 피하지방 조직에서 얻으며 부드럽고 효과적인 유연제로 피부를 부드럽게 하는 능력을 지닌다.

1-2. 왁스(wax)

왁스는 고급 지방산과 1가의 고급 알코올로 이루어진 에스테르 화합물로 곤충, 동물, 장미와 같은 식물에서 얻을 수 있다. 유지와 달리 알킬기의 탄소 수가 $C_{20}-C_{30}$으로 많이 함유되어 있다. 일반적으로 융점이 높아 상온에서 고체 또는 반고체 상태로 존재한다. 왁스는 일반적으로 피부에 독성이 없지만, 그 원료에 따라서 민감한 사람에게는 알레르기 반응의 원인이 될 수 있다.

1) 식물성 왁스

(1) 카르나우바 왁스(carnauba wax)

카르나우바 잎에서 추출하며 화장품의 성형 제조 및 강도를 높이는데 사용한다. 스틱상 제품의 융점을 상승시키고, 광택과 내온 안정성을 향상시킨다.

(2) 칸데릴라 왁스(candelilla wax)

칸데릴라 식물에서 추출하며, 스틱상 제품의 광택이나 내온성을 향상시킨다.

2) 동물성 왁스

(1) 밀랍(bees wax)

꿀벌의 집에서 채취한 것으로 가장 오래된 원료 중의 하나이다. 콜드크림의 원료로 사용되었다. 에멀젼을 위한 유화제로도 사용되고 크림, 립스틱, 포마드와 같은 제품에 쓰인다.

(2) 라놀린(lanolin)

양의 털 유도체로 양모에서 정제한 원료로 인간의 피지와 가장 유사한 유성분으로 보습력이 뛰어난 높은 수분 흡수력을 가진 유화제이다. 모발 내부의 수분 증발을 방지하는 효과가 있다.

1-3. 탄화수소류 (hydrocarbons)

탄소와 수소로 이루어진 화합물로써 포화탄화수소 화합물인 파라핀계와 불포화 탄화수소 화합물인 나프텐계가 있다. 화장품에 사용되는 것은 보통 탄소 수가 C_{15} 이상의 포화 탄화수소류인 파라핀계를 사용한다. 석유로부터 채취되기 때문에 광물성 유지라고 부르기도 하며, 유지나 왁스보다 정제하기가 쉽고 화학적으로 안정하기 때문에 무색, 무취에 가까운 것을 얻을 수 있고 쉽게 변질되지 않는 장점이 있다.

(1) 유동 파라핀(liquid paraffins)

탄화수소류 중에서 화장품의 원료로 가장 많이 쓰인다. 상온에서 액체이며, $C_{15}-C_{30}$의 포화탄화수소 화합물이다. 정제가 용이하여 무색, 무취의 것을 얻기가 쉽고, 화학적으로 안정하여 유성 원료로 다량 사용한다. 또한 미생물에도 안정하다.

석유에서 채취한 파라핀류는 그 점도에 따라 크게 경질과 중질 유동 파라핀으로 구분된다. 경질 파라핀은 세정, 습윤 효과는 강하지만 피부에 대한 유연 작용이 약하다. 중질 파라핀은 피부 모발에 대한 유연 효과가 강하지만 세정, 습윤 효과는 약하다.

(2) 스쿠알란(squalane)

상어 간유에서 추출한 스쿠알란(squalene-$C_{30}H_{50}$)에 수소를 첨가시켜 포화탄화수소로 만들었다. 사람의 피지에도 약 25% 정도 함유되어 있어 피부 지질과 친화성이 높다. 피부에 대한 안정성이 높고, 유성감이 적어 사용감도 좋은 장점이 있다. 기초 화장품 및 그 외의 화장품의 원료로 사용된다.

(3) 세레신 왁스(ceresin wax), 마이크로크리스탈린 왁스(microcrystalline wax), 바세린(veselin)

파라핀에 비해 분자량 및 경도, 융점 등이 높다. 밀납의 대체 물질로써 사용된다.

1-4. 지방산 (fatty acids)

동물성 유지의 주성분으로 R-COOH 로 이루어진 화합물이다. 유기 화합물들 중에서 산성이 강하여 유기산이라고도 하며, 알킬기(R)가 사슬 모양의 탄화수소로 이루어져 있다.

대체로 화장품에 이용되고 있는 지방산은 고급 지방산으로 탄소수가 C_{12} 이상의 포화 지방산을 사용한다.

화장품의 원료로 사용되고 있는 지방산은 화장품용 유지를 가수분해하여 이것을 압착법 또는 분별 증류법에 의해 만들어지며 최근에는 석유로부터 합성한 혼성 지방산이 개발되어 이용되고 있다.

(1) 스테아린산 (stearic acid)

가장 대표적인 지방산으로 $C_{17}H_{35}COOH$의 포화 고급 지방산이다.

천연으로 가장 다량으로 존재하는 지방산으로 거의 모든 동식물 지방에 중성 지방인 스테아린으로 들어있고 고체형의 동물성 기름과 몇 종류의 식물성 기름에 함유되어 있는 흰색의 지방산이다.

비누를 만들 때 스테아르산 나트륨염이 사용되고, 스테아르산과 팔미트산과의 혼합물은 화장품용 크림, 의약품 등에도 대량으로 사용된다.

(2) 팔미틴산 (palmitic acid)－$C_{15}H_{31}COOH$

동식물의 지방에서 천연으로 만들어지고 크림, 유액 등에 사용된다. 스테아린산과 같이 대표적인 지방산 유성 원료이다. 특히 녹는점이 낮고 융해성이 좋아야 하는 경우에 사용된다.

(3) 올레인산(oleic acid)

$C_{18}H_{33}COOH$ 로 한 개의 이중 결합이 포함된 불포화 지방산이다. 자연계에 존재하는 가장 흔한 지방산으로 동 · 식물의 유지류에 널리 분포되어 있고, 특히 올리브유 등의 유지류의 주성분으로 크림류, 비누류 등에 사용된다.

(4) 미리스틴산(myristic acid)

코코넛 등의 야자유에서 얻어지며 계면활성제로 이용되어 거품성이 풍부하고 세정성이 좋아 비누류 등의 세정용 화장품에 잘 이용된다.

1-5. 고급 알코올

천연 유지에서 얻거나 납, 고급 지방산 또는 석유 등에서 합성하여 얻을 수 있다. R-OH 의 구조로 탄소 6개 이상의 1가 알코올을 말한다.

(1) 세틸 알코올(cetyl alcohol)

$C_{15}H_{33}OH$의 구조식으로 팜유, 우지의 환원을 통해 얻으며 가장 대표적인 알코올류 유성 원료이다. 유화 상태를 안정하게 해주는 역할이 탁월하여 유화안정제 및 점도 조정제로 유화제품류에 많이 사용된다.

(2) 스테아릴 알코올(stearyl alcohol)

$C_{18}H_{37}OH$의 구조식으로 세틸 알코올과 함께 대표적인 알코올류 유성 원료이다. 세틸 알코올과 마찬가지로 유화 상태를 안정하게 해주는 역할이 탁월하여 유화 안정제 및 점도 조정제로 유화 제품류에 많이 사용된다.

(3) 올레일 알코올(oleyl alcohol)

$C_{18}H_{35}OH$의 구조식으로 팜유, 우지의 환원을 통해 얻으며 립스틱의 색재를 녹이는 용제로 사용된다.

4) 미리스틸 알코올(mytistryl alcohol)

$C_{14}H_{29}OH$의 구조식으로 야자유에서 얻으며 유화 안정제, 점증제로 사용된다.

1-6. 에스테르류

합성 에스테르는 지방산과 알코올의 탈수 반응에 의해 합성되며, R-CO-O-R' 으로 표기된다.

합성 에스테르류는 천연 에스테르가 가진 장점을 유지하고 단점을 보완하여 합성된 것으로 피부에 유연성을 주고 산뜻한 촉감으로 사용감이 좋아 화장품의 유성원료로 많이 사용된다. 또한 화장품 원료의 용해제로써의 기능도 탁월하다.

(1) 이소프로필 팔미테이트(isopropyl palmitate)

$C_{15}H_{31}COOC_3H_7$의 구조식으로 팔미틴산과 이소프로필 알코올에 의해 합성된다. 유성감이 거의 없고 침투성이 좋다.

(2) 부틸스테아레이트(butyl stearate)

$C_{17}H_{33}COOC_4H_9$의 구조식으로 스테아린산과 부틸 알코올에 의해 합성된다. 유성감이 거의 없어 사용감이 가볍다.

(3) 이소프로필 미리스테이트(isopropyl myristate)

$C_{13}H_{27}COOC_3H_7$의 구조식으로 미리스틴산과 이소프로필 알코올에 의해 합성된다. 점성이 매우 작은 액체로 사용감이 가볍고 유성감이 거의 없다

(4) 이소스테아릴 이소스테아레이트(isostearyl isostearate)

$C_{17}H_{35}COOC_{18}H_{37}$ 점성이 매우 작은 액체로 사용감이 가볍고 피부 침투성이 좋다.

[2. 수성 원료]

2-1. 물

물은 화장품 제조의 주요 용매로써 유성 원료와 함께 에멀젼을 만들어 유액의 주요 원료이다. 그리고 화장품 제조 공정의 희석액이나 세정액으로도 사용된다.

화장품의 원료로 사용되는 물은 증류하여 얻은 물이나 이온교환수지를 통하여 정제된 불순물이 없는 순수한 물을 사용해야만 한다.

2-2. 에탄올

R-OH의 기본 구조식을 갖는 대표적인 1가 알코올의 한 종류로 화장품, 소독약, 술의 주원료이기도 하다.

화장수나 헤어 토닉 등의 액제의 원료로 사용한다. 그리고 물에 난용성인 친유성의 성분을 용해시켜 물과 혼합하기 쉽게 하는 장점도 갖고 있다. 물에 잘 용해되고 유기 용매와도 잘 혼합되기 때문에 화장품의 중요한 용매로 사용된다.

에탄올(C_2H_5OH)은 1가의 저급 알코올로 무색 투명한 향이 있는 액체이다. 가장 큰 특징으로는 알코올 특유의 기화성이 강한 성질로 휘발성이 강해 시원한 수렴 효과를 갖으며 또한 기화성이 강한 특징을 이용해 향수의 용매로 이용된다.

그러나 에탄올의 휘발성에 의한 장점도 있지만, 수분까지 증발시켜서 물이 가지고 있는 기화열을 빼앗음으로써 수렴 효과를 주기 때문에 건성인 피부인 경우에는 알코올의 함량이 적거나 무알코올 화장품을 사용하는 것이 좋다.

3. 계면 활성제

용액에서 표면이나 계면에 흡착되어 용액의 표면 장력과 계면 장력을 낮추고, 물과 기름을 혼합하는 등의 특성을 갖는 화합물을 계면 활성제 또는 표면 활성제라고 한다. 계면 활성제 분자의 화학 구조상의 특징은 분자의 한쪽에는 물과 친화성이 큰 친수기가 있고, 반대쪽에는 기름과 친화성이 큰 친유기를 가지고 있다. 즉, 한 분자 내에 친수기와 친유기를 모두 다 가지고 있는 양쪽성 분자 구조를 하고 있다. 화장품에 주로 사용되는 계면 활성제의 구성비는 대략 음이온성 64%, 양이온성 7%, 비이온성 27% 및 양쪽성 2%로 나눌 수 있다. 화장품에서 계면 활성제의 근본적인 역할은 섞이지 않는 수용 성분과 유용 성분 및 분체 성분을 안정한 모양의 미세 혼합 형태로 섞어주는 것이라 할 수 있다. 이처럼 화장품에서의 계면 활성제 역할은 섞이지 않는 상 사이의 표준 자유 에너지를 줄여줌으로써 안정성을 향상시키는 물리·화학적인 기능을 갖고 응용된다.

3-1. 계면 활성제의 종류

(1) 음이온 계면 활성제

계면 활성제가 물에 해리되었을 때 친수기 부분이 음이온을 띠는 것으로 세정성이 가장 크고 거품성이 좋아 비누 및 클렌징 폼, 샴푸 등에 사용된다.

(2) 양이온 계면 활성제

계면 활성제가 물에 해리되었을 때 친수기 부분이 양이온을 띠는 것으로 살균 작용이 있다. 대전 방지 기능이 있어 헤어린스, 트리트먼트 등에 사용된다.

(3) 비이온 계면 활성제

수용액에서 이온화하지 않는 것으로 거품성이 작고, 낮은 농도에서도 계면 활성의 역할을 하는 장점이 있다. 피부 자극이 적어 유화 제품에 가장 많이 사용된다.

(4) 양쪽성 계면 활성제

용액의 pH가 높으면 계면 활성을 나타내는 부분이 음이온이 되고, pH가 낮으면 양이온이 된다. 피부 자극이 적으면서 세정 능력을 가지고 있어 유아용 샴푸에 이용된다.

계면 활성제는 크게 가용화 작용, 유화 작용, 분산 작용, 세정 작용 등의 계면 활성 작용이 있는데, 이러한 작용으로 인하여 화장품에 있어서 없어서는 안 될 원료의 하나이다.

3-2. 계면 활성 작용

(1) 가용화 작용(solubilization)

화장품의 주 재료는 물과 유성 원료라고 할 수 있다. 그러나 물과 기름은 서로 혼합되지 않으므로 이 둘을 혼합하기 위한 작업이 필요하다. 즉, 가용화란 유성 원료와 같이 물에 잘 녹지 않는 물질을 아주 미세하게 분해하여 마치 용해한 것과 같은 효과를 나타내게 하는 작용이다. 이러한 작용을 할 수 있도록 해주는 것이 계면 활성제이다. 다시 말하면 물에 소량의 유성 성분이 계면 활성제에 의해 투명하게 용해되어 있는 상태를 가용화라고 한다.

가용화 제품은 투명한 상태를 나타내는 것으로 화장수, 에센스, 헤어토닉, 향수 등이 있다.

(2) 유화 작용(emulsification)

가용화가 소량의 유성 성분을 물에 투명하게 녹이는 기술인데 반하여 유화는 많은 양의 유성 성분을 물에 균일하게 혼합하는 기술이다. 유화 제품은 물에 유성 성분이 계면 활성제에 의해 우윳빛으로 백탁화된 상태의 제품을 말한다. 가용화 제품은 빛에 투과가 되지만 유화 제품은 빛이 투과하지 못하고 다시 굴절되어 반사된다.

대표적으로 크림, 로션 등이 있고 메이크업용 화장품의 종류 또한 유화 제품이 많다.

※ 유화제품의 장점

- 유화형태를 달리하여 피부에 주는 작용이나 사용감을 조절할 수 있다(유성성분만을 사용했을 때보다 오일감이 적게 느껴진다.)
- 유분의 양을 조절하여 사용목적에 적합한 형태의 다양한 화장품을 만들 수 있다.
- 피부에 유용한 성분을 피부에 균일하게 도포할 수 있다.
- 피부에 얇은 인공 피지 막을 형성시킬 수 있다.

(3) 분산 작용

분산이란 안료 등의 고체 입자를 액체 속에 균일하게 혼합시키는 것으로 이때 사용되는 계면 활성제를 분산제라 한다.

분산 제품으로는 파운데이션, 마스카라, 아이라이너 등이 있다.

※ 주 의

분산 제품은 장시간 방치하면 침전물이 생기고, 입자 간의 응집에 의해 사용할 때 뭉침이 생기거나 얼룩이 생기기도 한다. 또한 사용 시 퍼짐성이 나빠지고 광택과 커버력이 떨어질 수 있다.

(4) 세정 작용

계면 활성제의 친수기 부분은 수성 오염 물질이나 물과 혼합되고, 친유기 부분은 피지 등의 유성 오염 물질에 흡착되어 오염 물질들을 제거하는 세정 작용을 할 수 있다.

이렇게 한 분자 내에 친수성기와 친유성기를 모두 다 가지고 있는 양쪽성 또는 양친매성 분자인 특징을 갖는 계면 활성제는 세안용 및 바디용 클렌징 제품 및 샴푸 및 린스 등에 이용된다.

4. 색재

색재는 파운데이션, 립스틱, 아이섀도, 네일 제품 등과 같이 원하는 색을 원하는 부위에 착색시켜 아름다움을 추구하는 목적의 미적 효과와 아름다운 색상에 의한 구매 심리를 자극하고 원재료의 좋지 못한 색을 없애기 위한 차폐 효과를 목적으로 사용한다.

4-1. 유기 합성 색소 (타르 색소)

석유에서 합성한 것으로 인위적으로 합성을 할 수 있으므로 대량 생산이 가능하고, 여러 번의 정제 과정을 거쳐 높은 순도의 색재를 제조할 수 있어 선명한 색조를 만들어 낼 수 있다.

타르 색소의 종류는 많으나 인체에 유해한 것이 많으므로 법령에 의해 사용 가능한 법정 색소만을 사용할 수 있다. 이들 색소는 매우 복잡한 구조식의 화합물로 되어있는데, 간단한 명칭으로 적색 3호, 청색 4호 등과 같이 명명하여 표시하도록 되어있다.

립스틱, 네일 에나멜, 파우더, 화장수 등의 기초 화장품 등에 폭넓게 사용된다.

4-2. 무기 안료(광물성 안료)

예전에는 천연에서 생산되는 광물 등을 사용하였으나, 불순물의 함유량이 많아 색조가 선명하지 않고 품질이 떨어져 최근에는 합성 무기 화합물을 주로 사용하고 있다.

무기 안료는 분체(가루)로 되어 있어 주로 파우더, 투웨이 파우더, 베이비 파우더 등의 분말 화장품과 파운데이션에 배합된다.

4-3. 천연 색소

동식물에서 얻어지며, 안전성이 높아 약효 성분으로써의 효과를 기대할 수 있는 것도 있다. 피부에 대한 안전성은 높지만 착색력, 내열성, 내광성이 약하고, 대량 생산이 불가능하기 때문에 주로 사용되지 못하고 있다.

요즈음 각광 받고 있는 헤나는 인도와 파키스탄 등지에서 서식하는 1~3m 크기의 관목으로 헤나 잎 속의 로소니아(Lawsonia) 성분은 모발을 보호하는 효과가 있어 염모제로 널리 사용되며, 헤나에서 추출한 염료는 문신(바디 페인팅)에 이용된다.

홍화(잇꽃)의 꽃잎에서 추출된 붉은 색소 카르타민(carthamin), 인삼에서 추출된 황색 색소 β-카로틴, 녹색 색소 클로로필은 소염 작용과 탈취 효과가 있어 화장수나 치약류 등에 이용된다.

<표 4-1> 천연 색소의 분류

유기 합성 색소	염료 레이크 유기 안료	아조계 염료, 황산알루미늄, 황산지르코늄, 아조계 안료, 인디고계 안료, 프탈로시아닌계 안료
무기 안료	체질 안료 착색 안료 백색 안료	탈크, 카오린, 마이카(운모), 산화티탄, 산화아연, 황산화철, 뱅가라, 흑산화철, 카본블랙, 펄안료, 산화크롬
천연 색소		헤나, 카르타민, β카로틴, 클로로필

5. 향료

향료는 화장품 제조 시 성분 원료의 고유한 향을 억제하고 적합한 향을 갖도록 함으로써 기분을 매우 쾌적하게 해주고, 화장품 각각의 사용 목적을 충족시킬 수 있다.

향료의 종류로는 크게 자연의 동·식물에서 얻어지는 천연 향료와 화학적인 방법에 의해 제조된 합성 향료로 나누어진다. 그리고 이 둘을 조합하여 원하는 향기를 창조해 내는 조합 향료가 있다.

향료는 대부분 물에 녹지 않고 유기 용매에 용해되는 유용성이고, 향기가 잘 발할 수 있도록 휘발성이 있어야 한다. 그리고 대부분 여러 종류의 향료를 조합하여 제조가 되므로 반응성이 큰 화학 물질로 이루어진 것들이어야 한다.

5-1. 천연 향료

자연에 존재하는 동·식물로부터 얻을 수 있는 향료로써 현재까지 알려진 천연 향료는 약 1500여 종에 이른다. 동물성 향료는 동물의 생식선에서 채취한 것으로 가장 대표적인 것으로 사향을 비롯하여 몇 가지가 있다.

1) 동물성 향료

(1) 사향

사향노루의 생식선 분비물이며 그대로는 냄새가 역겨우나 알코올로 희석시키면 냄새가 좋아진다. 향기 성분은 무스콘(mus- con)이라고 하는 큰 고리 모양의 케톤이며, 조합 향료로써 사용되어 왔다.

(2) 영묘향

사향고양이의 분비물이며 향기 성분은 시베톤(civeton)이라고 하는 큰 고리 모양의 케톤이다. 용연향은 향유고래의 배설물이며, 향기 성분은 앰브레인(ambrein)이라고 하는 트리테르펜(triterpene) 화합물이다. 그대로는 거의 향기를 느낄 수 없으나 보류제로써는 뛰어나다.

(3) 해리향

비버의 항문에 있는 향낭(香囊)에서 추출되며, 향기의 성분은 아직 불분명하다. 사향뒤쥐의 선낭(毛囊)에서 채취되는 지방성 액상물(脂肪性液狀物)이 사향뒤쥐향이다. 성분은 큰 고리 모양의 케톤이다.

2) 식물성 향료

식물성 향료는 식물의 꽃, 잎, 뿌리, 과실 등에서 얻을 수 있는 향료이다. 사과나 포도 등의 과일이 익어갈 때 발하는 향처럼 대부분의 과일을 비롯한 꽃 등의 식물에서 채취할 수 있어 동물성 향료에 비해 구하기가 쉽고, 그 종류도 매우 많다.

원료가 되는 식물에 적절한 용매를 사용하여 추출된 식물성 향료를 정유(essential oil)라고 하고, 꽃에서 얻어지는 정유는 화정유(flower oil)라고 한다.

5-2. 합성향료

합성 향료는 정유 · 석유 화학 제품 등을 기초 원료로 하여 화학적으로 합성된 것이다. 현재 향료로 사용되고 있는 합성 향료는 3000여 종이 된다. 이와 같이 수많은 물질로 이루어진 화합물이기 때문에 그 합성에는 모든 유용한 유기 합성 반응 및 분리 · 정제 수단이 사용되고 있다. 석유 화학 제품 · 석탄 타르 제품 · 테르펜 화합물 등을 원료로 하여, 각종 화학 반응을 이용하여 합성시킨 것이다. 공업적으로 대량 생산되고 있는 것은 약 320종이다. 합성 향료는 대체로 벤젠계와 테르펜계의 두 가지 종류가 있다.

(1) 벤젠계 합성 향료(benzene)

분자식 C_6H_6인 대표적인 방향족 탄화수소로 육원자 고리방향족화합물의 모체이고, 벤졸이라고도 한다. 벤젠계 합성 향료는 콜타르나 석유화학제품을 기초 원료로 하여 합성된다.

(2) 테르펜계 합성 향료 (terpene)

이소프렌 C_5H_8을 구성 단위로 하는 중합체$(C_5H_8)n$ 로 이루어지는 탄화수소 및 그 유도체의 총칭으로 테르페노이드 · 이소프레노이드라고도 한다.

종래에는 정유에서 나온 단리 향료를 가공하여 제조해 왔으나, 테르펜계 합성 향료의 소비량 증대와 함께 이들을 합성하게 되었다. 석유화학 제품인 이소프렌을 기초 원료로 하여 대량으로 생산되고 있다.

<표 4-2> 합성 향료의 종류 및 특징

분 류	종류 및 특징
벤젠계 합성 향료	쿠말린 - 크레졸에서 합성, 마른 잎의 향긋한 향기 바닐린 - 바닐라 특유의 감미 성향 페닐에틸알코올 - 스티렌에서 합성, 장미향, 로즈계 조합 향료
테르펜계 합성 향료	시트랄 - 레몬향 보르네올 - 비누의 향료 멘톨 - 박하유의 주성분 청량감(껌, 치약)

6. 방부제 및 기타 배합 성분

6-1. 방부제 및 살균제

미생물의 증식으로 일어나는 물질의 부패를 막는 약물이므로 미생물, 특히 부패균의 발육을 억제하거나 살균하는 작용을 한다. 화장품에 사용되는 방부제는 미생물의 부패에 의해 화장품이 변질되는 것을 방지하기 위해 보존제로 하여 배합된다. 그 외에 약용 비누나 비듬 제거 샴푸, 여드름용 화장품 등에는 피부를 청정하게 해주고, 세균의 증식을 억제하는 목적의 살균제가 배합되어 있는 약용 비누, 비듬 제거용 샴푸제, 약용 치약, 여드름용 화장품과 같은 약용 화장품 등도 있다.

방부제와 살균제는 동일 물질로 방부제의 농도가 높아 그 작용이 큰 것은 살균제이고, 저농도는 방부제로 사용한다.

가장 일반적으로 화장품에 사용되는 방부 · 살균제는 파라옥시 안식향산 메틸, 파라옥시 안식향산 에틸로 이들을 약칭하여 파라벤이라고 한다.

6-2. 산화 방지제

유성 원료를 많이 사용하는 화장품은 화장품이 공기 중에서 노출되거나 혹은 장시간 지나면 산패에 의해 변질되거나 품질의 저하를 초래하게 된다. 이때 산패란 공기 중의 산소에 의해 상온에서 일어나는 산화 반응으로 유성 원료를 주로하는 물질들이 산화되어 부패되는 것을 말한다.

이러한 산패를 막는 산화 방지제가 화장품의 성분이 산화되는 것을 방지해 준다. 대표적인 산화 방지제로는 부틸히드록시아니솔(BHA), 부틸히드록시톨루엔(BHT), 토코페릴아세테이트 등이 있다.

6-3. 보습제

피부에 수분을 공급하여 피부가 건조하게 되는 것을 방지해 주고, 또한 화장품 자체의 수분 보유제로써의 기능을 한다.

표피의 각질층에 천연 보습 인자(NMF)라고 하는 수용성의 보습 물질로 천연 보습 인자의 대부분인 각종 아미노산류, 피부의 진피층의 대부분을 차지하는 콜라겐과 결합하여 진피에 수분을 보유시키는 히아루론산 등의 다당류 등이 있다.

다가 알코올계의 글리세린은 가장 많이 사용되는 보습제이고, 그 외에 에틸렌 글리콜, 프로필렌 글리콜, 폴리글리세린, 1,3-부틸렌글리콜, 폴리에틸렌 글리콜 등이 있다.

<표 4-3> 보습제의 구조 및 특징

원료명	구 조	특 징
글리세린	$HOCH_2CHOHCH_2OH$	보습제로 가장 많이 사용된다.
폴리글리세린	$H(OCH_2CHOHCH_2)nOH$	보습제, 세정제의 포안정화제로 사용된다.
에틸렌글리콜	$HOCH_2CH_2OH$	보습제, 용해 보조제, 저온안정화제
프로필렌글리콜	$HOCH_2CHOHCH_3$	방부 효과, 유연제, 보습제로 사용감이 좋다.
폴리에틸렌글리콜	$H(OCH_2CH_2)nOH$	중합도가 적은 분자량이 적은 것을 보습제로 사용한다. 고분자량은 점액제로 배합된다.
1,3-부틸렌글리콜	$CH_3CHOHCH_2CH_2OH$	방부 효과, 유연제, 보습제로 사용감이 좋다.

6-4. 점증제 및 피막 형성제

화장품의 적합한 점성을 갖게 하기 위해서 첨가해 주는 보조제를 점증제 또는 점액질이라고 한다.

피막 형성제는 팩 또는 헤어 스프레이 등에 사용하여 피막을 형성시켜 주는 물질이다. 이 두 첨가제는 모두 고분자 화합물로 천연 고분자, 반합성 고분자, 합성 고분자로 나뉘어진다. 천연 고분자에 비해 반합성 고분자, 합성 고분자는 미생물의 오염이 없고, 반응의 조합이나 중합도에 따라 성질이 다르게 되므로 현재 많이 이용되고 있다.

<표 4-4> 점증제 및 피막 형성제의 종류 및 특징

분류	종류	특징
천연 고분자	감귤류 과일껍질, 사과열매 - 팩틴	미생물의 오염에 의한 변질의 위험성이 많아 현재에는 거의 사용하지 않는다. 방부제 또는 화학적으로 처리하여 제조된 반합성 점증제로 이용된다.
반합성 고분자	셀룰로즈계 - 카르복시메틸 셀룰로즈 · 나트륨염, 히드록시메틸 셀룰로즈, 에틸셀룰로즈, 니트로셀룰로즈	천연의 셀룰로즈를 화학적으로 처리하여 얻는다. 니트로셀룰로즈의 경우 피막 형성력이 좋아 네일 에나멜의 피막제로 사용된다.
합성 고분자	폴리비닐 알코올(PVA), 폴리비닐피로리돈(PVP), 카르복시비닐폴리머	중합도에 따라 성질이 다르다. 점도 효과가 높고 피막 형성제로 많이 사용되어 팩, 헤어 스프레이 등에 사용된다.

CHAPTER 5 기초 화장품

1. 기초 화장품의 정의 및 사용 목적

기초 화장품이란 신체의 겉 표면인 피부를 깨끗하게 하는 동시에 본래 사람 피부의 피지막이 해주는 피부 보호 기능을 유지할 수 있도록 도와주고, 또한 보충해 줄 수 있는 역할을 담당하는 화장품의 종류라고 볼 수 있다. 즉, 피부가 항상 아름답고 건강한 상태를 유지할 수 있도록 보호해 준다. 기초 화장품을 사용하는 목적은 피부의 청정 작용, 수분 공급에 의한 보습 작용, 피부 보호를 위한 유수분 균형 작용, 영양 물질 공급에 의한 피부의 신진 대사 촉진 작용, 혈액 순환 촉진 및 피부 재생을 위한 신진 대사 촉진 작용 등이 있다.

최근에는 환경적인 요인 및 스트레스 등에 의한 피부 트러블이 발생하는 경우가 많은 관계로 이들로부터 피부를 보호할 수 있는 기초 화장품의 역할이 대두되고 있다.

특히 고기능성을 갖는 기초 화장품의 종류 및 기능도 한층 다양해지고 있는 추세이다.

2. 기초 화장품의 사용 목적에 따른 분류

아름답고 건강한 피부를 유지하기 위해 사용되는 기초 화장품의 기능은 다음과 같이 구분될 수 있다.

① 세정제 : 피부 노폐물 및 외부 환경으로부터 오염 물질, 메이크업 잔여물 등을 제거하여 청결한 피부를 유지할 수 있도록 한다.
② 화장수 : 건조한 피부에 수분을 공급해 주고, 피부 결을 정돈하여 안정된 피부를 유지할 수 있도록 한다.
③ 유액 및 에센스, 크림류 : 유분 및 수분을 공급하여 피부의 균형을 유지시켜 주고, 영양 물질 등을 공급하여 피부의 신진 대사를 촉진시킬 수 있도록 한다.
④ 팩제 : 세심한 관리를 통해 피부 속 노폐물 제거 및 혈액 순환 촉진을 한층 더 증가시킬 수 있도록 한다.

3. 세정용 화장품

얼굴 피부에 있는 피지, 땀 등의 노폐물, 공기 중의 먼지 및 오염 물질, 메이크업 잔여물 등을 제거하여 피부를 청결하게 유지해 줌으로써 건강한 피부를 유지할 수 있도록 하는 화장품이다. 이러한 세정 작용을 하는 것은 비누를 비롯하여 클렌징 폼, 클렌징 크림, 클렌징 로션, 클렌징 워터 등이 사용되고 있다.

최초의 세정제는 기원전 2500년경 메소포타미아의 수메르인이 산양 기름과 나무의 재를 끓여서 비누를 만들었다는 기록이 있다. 이

것이 현재의 비누와 같은 형태를 갖게 된 것은 1771년 프랑스의 르블랑크가 탄산소다($NaHCO_3$)를 값싸게 제조하는 기술을 개발하였다. 근대에 와서 세계 대전으로 식량에 사용되는 유지 원료가 부족해지자 석유를 이용한 새로운 세제 원료의 개발이 필요하게 되었으며 이로 인해 합성 세제가 출현하게 되었다. 최근에는 천연 오일 또는 곡류 등을 이용한 천연 비누가 제조되어 시판되고 있으며, 천연 화장품의 관심으로 인하여 피부 타입에 알맞은 천연 비누를 직접 제조하여 사용하고 있다.

3-1. 세안용 화장품의 분류

(1) 계면 활성제형 세안용 화장품

계면 활성제의 친수성 및 친유성을 갖는 양쪽성 구조에 의하여 세정 작용 또한 이루어진다. 피부 표면의 피지와 물이 계면 활성제에 의하여 유화됨으로써 유성 성분의 피지 및 오염 물질 등을 제거하여 씻어낼 수 있는 것이다. 비누를 비롯한 합성 세제는 모두 계면 활성제에 속하는데, 세안용의 종류로는 비누, 바디 클렌저, 클렌징 폼, 클렌징 젤, 셰이빙 폼 등이 있다.

(2) 용제형 세안용 화장품

물에 녹지 않는 오염 물질 및 유성 원료의 함량이 많은 메이크업용 화장품 등을 지울 때 주로 사용되는 것으로 유성 물질을 용해시켜 제거할 수 있는 오일 성분이 함유 되어 있는 화장품이다. 가장 많이 사용되고 있는 것은 클렌징 크림으로 O/W형의 크림이다.

그 종류로는 클렌징 크림, 클렌징 로션, 클렌징 오일 등이 있다.

3-2. 세정용 화장품의 종류

비누는 유지와 가성소다를 혼합하여 얻어진다. 이때 부산물로 글리세린이 생성되는데, 비누와 글리세린 층의 분리가 심하면 비누의 탈지력은 좋아지지만 세정 후 피부 pH 균형이 깨지고, 피부 보습력이 떨어져 피부가 당기고 건조해 지는 증상이 나타난다. 그러므로 세정성을 유지하면서 피부 pH 균형이 흐트러지지 않도록 보습성 및 중성에 가까운 세정 제품들의 시판이 날로 증가하고 있다.

유지(글리세리드)				비누		글리세린
CH_2O-COR'				R' COONa		CH_2OH
|						|
CHO−COR"	+	3NaOH	→	R"COONa	+	CHOH
|						|
CH_2O-COR'''				R"' COONa		CH_2OH

1) 비누

(1) 화장 비누

냉수 및 온수에서 잘 녹아 거품이 잘 생기고 세정력 또한 좋아 일반적으로 가장 많이 사용한다. 물에 의해 쉽게 물러지거나 그 형태가 변형되지 않아야 하고, 세안 및 목욕 시에 피부에 대한 자극이 없어야 한다.

일반적으로 유지와 알칼리에 의한 나트륨 염 비누가 주로 제조되고 여기에 향료, 착색료, 산화 방지제 등이 배합된다. 나트륨 염 비누는 알칼리성을 띠고 세정력이 우수한 반면 건조한 피부를 더욱 더 건조하게 하는 단점이 있다. 이를 보완하기 위하여 비누 제조 시 글리세린의 함량을 높여 보습성을 보완한다. 또한 알칼리성 등에 의한 피부 자극에 민감한 사람을 위하여 피부 pH와 맞게 약산성 또는 중성을 띠는 비누가 제조되어 지고 있다.

(2) 약용 비누

특수한 살균제 및 소독제 등이 배합되어 피부 세정과 함께 유해한 세균 등을 제거하고 증식을 억제하는 기능이 있다. 피부의 살균 및 소독을 그 목적으로 하므로 여드름 피부에 주로 사용된다. 약용 비누에 배합되는 살균제 및 항염제로는 트리클로산, 알란토인, 글리칠리친산 등이 있다.

(3) 투명 비누

일반 화장 비누 공정 중에 염석 작용을 행하지 않아 부산물로 생성되는 글리세린을 비누 속에 그대로 함유되어 있도록 한다. 원료로는 일반 유지 외에 올리브유나 피마자유 등을 사용하고 투명화제를 첨가하여 비누를 투명하게 만든다.

투명화제로는 글리세린, 에탄올, 프로필렌글리콜 등이 배합된다. 투명화제는 보습제의 원료이기도 하므로 투명 비누는 피부에 보습 효과 및 사용감이 좋다.

2) 세안 폼

세정력이 우수하여 메이크업 잔여물이나 피지를 깨끗하게 씻어낼 수 있고, 탁월한 세정력에 의해 피부의 유 · 수분 균형이 흐트러지지 않도록 유성 원료와 보습제를 배합하여 세정 후에 피부의 유 · 수분 균형을 유지시켜 준다. 원료는 비누와 동일하나 유성 원료 및 보습제가 함유되어 있는 것이 특징이다. 특성에 따라 각질 제거를 위한 알갱이를 배합하기도 한다.

3) 세안 크림류

피부의 노폐물, 오염 물질, 메이크업의 잔여물을 제거하는데 사용하는 크림으로 세정 작용이 탁월하다. 비누나 세안 폼과 같이 계면활성제의 친수성 부분은 수용성 물질을 친유성 부분은 유용성 물질을 녹여서 제거해 주는 용제 작용에 의한 세정제이다.

유지의 함유량에 따라 클렌징 크림, 클렌징 로션 등으로 나뉜다. 수성 원료보다는 유성 원료의 함유량이 많아 주로 W/O 에멀젼으로 탈지력의 심화를 감소시킬 수 있다.

이러한 역할을 하기 위해서는 첫째, 깨끗한 피부 상태를 유지할 수 있어야 한다. 외부 환경으로부터의 오염 물질을 제거하고 청결히 할 수 있도록 세정 작용을 할 수 있는 세정제를 사용한다.

둘째, 피부 본래의 유·수분 균형을 유지할 수 있도록 해야 한다. 환경적인 요인 또는 세정 후 흐뜨러진 균형 등에 의한 유·수분 균형을 유지하여 피부 본래의 기능을 정상화할 수 있도록 수분 및 유분을 공급해 주어야 한다.

이러한 역할을 할 수 있도록 도와주는 제품이 기초 화장품이라 하겠다.

4) 화장수

화장수는 세안 후의 피부에 수분을 공급하여 보습 효과를 주며 피부를 유연하게 해주고, 세안 후의 흐트러진 피부 결을 정돈해 주어 피부를 안정하게 유지시켜 준다. 그리고 피부에 도포 시 피부에 적당한 자극을 주어 피부의 생리 작용을 원활하게 하도록 도와준다.

(1) 기본 원료

화장수의 기본 원료는 정제수, 보습제, 알코올(에탄올)을 주성분으로 하고, 부성분으로 향료, 착색료, 방부 살균제, 자외선 흡수제 등이 배합되어 있다. 그리고 화장수의 특성 및 그 목적에 따라 유성 원료, 각질 연화제, 증점제 등이 배합되기도 한다.

화장수는 전체의 30~70%를 정제수가 차지하고, 에탄올은 각종 성분을 용해시켜 주는 용제임과 동시에 알코올 특유의 기화 및 휘발성에 의해 수렴 작용을 하여 피부에 청량감을 제공해 준다.

이때 배합되는 에탄올의 농도는 보통 10~15% 정도가 적당하고 이보다 많은 농도가 배합되면 피부에 자극이 강해 피부에 유해한 손상을 입힐 수가 있다.

(2) 종류

1 유연 화장수

가장 일반적인 화장수로 피부에 적당한 수분을 공급하여 보습 효과를 주는데 중점을 두고, 피부 결을 정돈하고 매끄럽게 한다.

피부 타입에 맞추어 사용하도록 지성용, 건성용, 복합성용 등으로 나뉘고, 이는 보습제의 양과 피부에 유연성을 부여하기 위해 유성 원료의 함량, 에탄올의 함량 등에 의해 주로 구분되어 진다.

유연 화장수는 알칼리 고유의 특성에 의해 표피의 각질을 연화 또는 용해시켜 피부를 매끄럽고 유연하게 해주는 알칼리제를 배합하기도 한다. 일반적으로 수산화 칼륨(KOH) 등이 약 0.03% 내외로 배합되어 진다. 그러나 근래에는 피부 pH에 맞추어 퀸산 또는 퀸산염을 배합하여 약산성 화장수가 제조되어 진다.

2 수렴 화장수

수렴 작용에 의해 일시적으로 피부 모공을 수축시켜 땀, 피지의 과도한 분비를 억제하는 효과를 갖는 수렴제를 배합한 화장수로 지성피부 또는 여름철에 알맞은 화장수로 청량한 사용 감촉과 피부 조직을 조여 정돈하는 효과가 있다.

배합되는 수렴제 성분으로는 염화 알루미늄, 아연산, 퀸산, 클로로히드록시알루미늄 등이 사용된다. 그리고 유연 화장수에 비해 에탄올의 함량이 많아 청량하고 시원한 사용감을 더해 준다.

남성용 화장품인 애프터 쉐이브, 애프터 쉐이빙 로션 또한 수렴 화장수로 모공을 수축시켜 면도 후의 피부결을 정돈하여 준다.

그리고 면도날에 의한 상처 등에 의한 염증을 방지하기 위해 살균 · 소독제가 포함되어 있는 것도 있다.

4. 유액류

유분과 수분의 적절한 배합으로 유분 및 수분을 공급하여 피부의 균형을 유지시켜 주는 유액류는 에멀젼으로 수중유형(oil in water)의 형태를 갖고 있으며, 특성화된 배합제에 따라 영양 물질 등을 공급하여 피부의 신진 대사를 촉진시킨다.

화장수와 크림의 중간적 성질로 크림에 비해 수분량이 많아 피부에 얇고 부드럽게 도포되어 스며들며 산뜻한 사용감을 줄 수 있고, 또한 화장수에 비해 유분량이 많아 피부에 도포 시 밀착감이 좋고 부드러우며 얇은 유막을 형성하여 유 · 수분 이탈을 방지하여 피부를 보호해 준다.

고급 탄화수소, 고급 지방산, 고급 알코올 등의 유성 원료와 정제수, 보습제, 에탄올 등의 수성 원료가 기본 원료로 사용된다. 그리고 점증제가 배합되어 약간의 점성을 띠게 된다.

5. 크림류

피부 표면에는 피지막이 있어 수분 및 유분이 이탈되어 피부가 건조해 지고 약해지는 것을 막아주고, 외부 환경으로부터 피부를 보호해준다. 이런 피지막은 피지와 수분으로 이루어진 천연 보습 인자(natural moistrizing factor)라 하겠다.

요즈음에는 환경적인 요인, 잦은 세안 등으로 인해 피지막이 손실되는 경우가 많다. 또한 피부 자체의 피지막 보호 기능이 약해진 경우 피부가 건조해 지고 약해지는데, 이러한 피지막의 역할을 대신해 주는 것으로 기초 화장품 중에서 대표적으로 크림류를 들 수 있다.

유성 원료와 수성 원료를 기본으로 하고 이 두 가지를 유화시켜 주는 유화제가 주 원료이다.

유성 원료로는 광물성유, 스쿠알렌 등의 고급 탄화수소와 밀랍, 라놀린 등의 동물성 유지, 고급 지방산, 고급 알코올, 식물성 유지 등을 사용한다.

유화제로는 비이온 계면 활성제를 주로 사용하고, 각각의 특성을 살려 비이온 계면 활성제와 음이온 계면 활성제, 양이온 계면 활성제 등을 혼합하여 사용하기도 한다.

그 종류로는 데이 크림(day cream), 나이트 크림(night cream), 영양 크림(nourishing cream) 등이 있고, 각각의 기능에 따라 핸드 크림, 마사지 크림, 클렌징 크림, 미백 크림, 주름개선 크림, 아이 크림, 선스크린 크림 등으로 분류된다.

유액류에 비해 유성 원료의 함량이 많은 크림은 유성 원료의 배합량에 따라 유성 크림, 중유성 크림, 약유성 크림 등으로 나뉜다.

<표 5-1> 크림류의 에멀전 형태와 유분 함량

분 류	에멀전 형태	유분 함량	종 류
유성 크림	유중수형(W/O형)	유분량 50~85% 수분량 50~15%	콜드 크림
	수중유형(O/W형)	유분량 50~85% 수분량 50~15%	클렌징 크림 마사지 크림
중유성 크림	수중유형(O/W형)	유분량 30~50% 수분량 70~50%	에몰리언트 크림 영양 크림 핸드 크림 베이비용 크림
약유성 크림	수중유형(O/W형)	유분량 10~30% 수분량 90~70%	바니싱 크림 남성용 크림

(1) 유성 크림

유분 함량이 많은 유성 크림은 유분량이 50% 이상으로 유연성이 뛰어나 피부를 보호해 주고 특히 피지의 분비량이 상대적으로 적은 건성 피부에 매우 적합한 타입의 크림이다.

(2) 중유성 크림

에센스, 영양 크림 등의 일반적인 크림으로 수분 및 유분의 함량이 적당히 배합되어 있다. 일반적으로 모든 피부에 적당하다.

(3) 약유성 크림

수분의 함량이 50% 이상으로 촉촉한 사용감을 느낄 수 있고, 청량감을 필요로 하는 남성용 크림 및 여름용 크림 등이 해당된다.

5-1. 팩제

팩(pack)은 '포장하다' 라는 말에서 기인한 것으로 얼굴 및 피부 위에 팩제를 도포하여 미용 효과를 얻는 것이다.

팩은 일시적으로 외부 공기와의 접촉을 차단함으로써 피부 위의 온도가 상승되어 피부 신진 대사를 활발하게 해준다. 이로 인하여 피지 등의 노폐물이 분비되어 모공 속의 더러움 및 각질을 제거하여 피부를 청결하게 해준다.

그리고 피부의 수분 증발을 막아 피부를 촉촉하게 해주는 효과가 있다.

(1) 기본 원료

피막 형성제, 수성 원료, 보습제, 분말 물질, 가용화제, 그리고 필요에 따라 향료, 방부제, 산화 방지제 등이 배합된다. 최근에는 비타민, 콜라겐 등의 약효 성분이 배합되어 있는 것도 있다.

(2) 팩제의 종류

1 필오프 타입(Peel off type)

도포된 팩제가 필름막을 형성하면 제거하는 타입이다. 팩이 건조되는 동안 피부를 조여주는 효과가 있어 피부에 탄력을 부여해 주는 장점이 있다.

피막 형성제, 점증제가 반드시 배합되어 있다.

2 워시오프 타입 (Wash off type)

팩제를 도포 후에 적당한 시간이 지나면 미지근한 물로 씻어내는 형태이다. 노폐물 제거 및 피부 진정 효과가 있다. 물로 씻어내므로 청량감을 주고, 잔여물이 남지 않아 민감한 피부에 효과적이다. 씻어낸 후에는 보습제를 바르도록 한다.

③ 시트 타입(Sheet type)

얼굴 모양에 맞추어 만들어진 부직포나 가제 등에 미리 도포된 팩제를 얼굴 위에 올려놓는다. 사용이 쉽고 간편하며, 특히 보습 효과가 뛰어나다.

④ 분말상 팩제

유성 원료에 분말 물질을 배합하여 균일하게 분산시켜 제조된 분말상 팩제는 물과 적당히 혼합하여 얼굴 위에 도포한 후, 적당한 시간이 흘러 팩이 굳어지면 떼어내는 타입이다. 피부에 강한 긴장감을 주어 탄력을 부여해 주고, 사용할 때 바로 물과 혼합하여 사용하므로 원료의 신선도가 높은 장점이 있다.

CHAPTER 6 색조 화장품

[색조 화장품]

피부에 색조 효과를 목적으로 사용하는 메이크업 화장품의 역사는 아주 오래 되었다. 고대 사람들은 얼굴과 몸의 보호 또는 종교적인 목적으로 천연 안료 등을 얼굴이나 신체에 발라왔다. 이는 벽화의 채색와 여러 문헌 등을 통한 기록에서 메이크업 화장품의 사용됨을 찾아 볼 수 있다. 그러나 오늘날 메이크업 화장품은 고전적인 의미에서 벗어나 피부를 채색하여 아름답게 보이게 하는 동시에 매력을 증가시키는 수단, 자신의 이미지를 창출하는 수단, 자외선이나 환경 오염 물질로부터 몸을 보호하기 위한 수단, 그리고 색을 이용한 치료효과에도 이용되고 있다. 색에는 색상, 명도, 채도라는 세 가지 속성이 있는데, 색상은 스펙트럼에 나타나는 빨, 주, 노, 초, 남, 보라 등을 말한다. 명도는 색의 밝음 또는 어두움을 나타내고, 채도는 색의 짙음 또는 옅음를 나타낸다. 명도가 높은 색은 보는 사람에게 경쾌한 기분을 느끼게 하고, 명도가 낮은 색은 검소하고 차분한 느낌을 갖게 한다. 또한 채도가 높은 색은 색 자체의 화려함을 느끼게 하고, 채도가 낮은 색은 무게감, 안정감을 느끼게 한다.

메이크업을 할 때 두 가지 이상의 색을 효과적으로 조화시키는 것을 배색이라 하는데, 배색은 편안하고 부드러운 느낌을 가지게 하고, 보색끼리의 배색은 강렬한 인상을 심어준다. 색은 시각적인 아름다움을 표현하는 수단으로 필수 불가결한 요소이다.

색은 또한 사람의 기분이나 인상에 중요한 영향을 미친다. 따라서 자신에게 잘 어울리는 메이크업을 하기 위해서 제일 먼저 할 일은 자신에게 맞는 색을 찾아내는 일이다. 색조 화장품에는 얼굴 전체의 피부색을 균일하게 정돈하거나 기미, 주근깨, 잡티 등 피부 결점을 커버하여 피부를 아름답게 보이도록 하기 위한 베이스 메이크업 화장품과 입술, 눈, 볼이나 손톱 등에 부분적으로 사용하여 혈색을 좋게 하고 입체감을 부여하여 아름답고 매력적인 용모로 보이도록 하는 포인트 메이크업 화장품으로 분류할 수 있다.

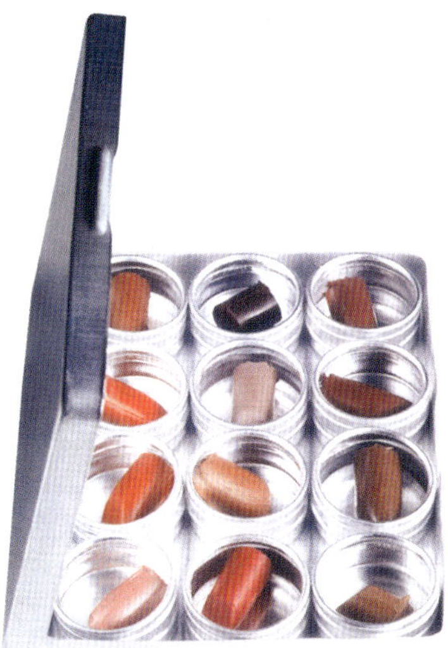

[1. 색조 화장품에 사용되는 안료]

색조 화장품을 구성하고 있는 성분은 크게 나누어 백색 안료, 착색안료, 체질 안료, 진주 광택 안료 등의 안료 성분들과 이를 분산시키는 기제로 되어 있다.

1-1. 안료(색소)의 종류

(1) 백색 안료(white pigments)

이산화티탄(titanium dioxide)과 산화아연(zinc oxide), 탄산칼슘(calcium carbonate)이 주로 사용되며 희게 할 목적으로 사용된다.

(2) 착색 안료(coloring pigments)

산화철(iron oxide), 레이크(lake) 등이 사용되며 화장품의 색조 및 피복력을 조절한다.

(3) 체질 안료(extender pigments)

탈크(talc), 마이카(mica) 등이 사용되며 색의 농도 조절, 제품의 퍼짐성, 감촉 등을 조절한다.

(4) 진주 광택 안료(pearlescent pigments)

색조에 진주와 같은 광택을 부여하며 땀에 의해 메이크업 화장이 흐트러지게 되는 것을 방지한다.

1-2. 안료의 기능 및 성질

① 원하는 색채를 제대로 표현할 수 있어야 한다.
② 피복력이 있고 피부 표면에서 퍼짐성이 좋아야 한다.
③ 피부에 대한 부착성이 좋고 화장의 흐트러짐이 없어야 한다.
④ 사용감이 부드럽고 피부에 대해 이물질이라는 불쾌한 느낌이 없어야 한다.
⑤ 안료의 분산 상태가 좋고 시간의 경과에 따라 변화하지 않고 제품의 기능을 저하시키지 않아야 한다.

1-3. 색조 화장품의 종류와 기능

<표 6-1> 색조 화장품의 종류와 기능

	종 류	기 능
베이스 메이크업 (base make-up)	메이크업 베이스 (make-up base)	• 파운데이션의 역할을 도와주며 피부 색조의 문제를 해결한다.
	파운데이션 (foundation)	• 피부 색조를 동일하게 조정한다. • 피부에 광택, 탄력, 투명감을 부여한다. • 피부의 기미, 주근깨 등 결점을 커버한다. • 건조나 자외선으로부터 보호한다.
	파우더 (powder)	• 피부색을 조정해 준다 • 피부에 탄력, 투명감을 준다. • 땀이나 피지를 억제하고, 화장 지속력을 좋게 한다. • 자외선으로부터 피부를 보호한다.
포인트 메이크업 (point make-up)	립스틱 (lip stick)	• 입술에 색을 주어 얼굴을 돋보이게 하여 화장 효과가 크다. • 입술의 건조나 자외선으로부터 보호한다.
	블러셔 (blusher)	• 볼 부위를 붉게 하여 밝고 건강하게 보이도록 한다. • 얼굴의 결점을 커버하거나 입체감을 준다.
	아이라이너 (eye liner)	• 속눈썹이 난 언저리에 라인을 그어 눈의 윤곽을 강조한다. • 눈 모양을 변화시켜 눈가의 표정을 풍부하게 한다.
	마스카라 (mascara)	• 속눈썹을 길게 컬링(curling)하여 눈매를 강조하고, 만든 음영으로 눈매에 표정을 부여한다.

포인트 메이크업 (point make-up)	아이섀도 (eye shadow)	• 눈매에 음영을 주어 입체적으로 보이게 하고 얼굴에 표정을 주어 의상, 립스틱과 코디네이트(coordinate)시킨다.
	아이브로우 (eye brow)	• 눈썹의 모양을 조정하여 눈매를 강조한다. • 얼굴의 표정을 변화시키고 머리색과 코디네이트(coordinate)시킨다.
	네일 에나멜 (nail enamel)	• 손톱에 색을 주어 매력적으로 보이게 하고, 손과 손가락에 표정을 부여한다. • 손톱을 보강한다.
	네일 리무버 (nail remover)	• 에나멜을 손톱으로부터 제거한다.
	네일 트리트먼트 (nail treatment)	• 탈지 또는 탈수로 광택이 없어지거나 부러지기 쉬운 손톱을 원래의 상태로 돌린다.

[2. 베이스 메이크업]

1) 메이크업 베이스(make-up base)

메이크업 베이스는 기초 손질을 하고 파운데이션을 바르기 전에 사용하는 제품으로써 피부 톤을 고르게 유지할 수 있도록 하고, 화장을 오랫동안 지속시키는 역할을 한다. 메이크업 베이스는 여러 종류가 있는데 자신의 피부색에 따라 사용한다.

- 핑크 : 모든 피부에 사용 가능하며 피부를 화사하고 발랄하게 표현해 주며 핏기없는 창백한 피부에 혈색을 부여해 준다.
- 그린 : 붉은 색의 여드름이 있는 피부에 사용하며, 여드름이나 잡티, 뾰루지를 커버해 준다.
- 퍼플 : 동양인과 같은 노란기가 많은 피부에 사용하며, 피부를 중화시켜 맑게 표현한다.
- 화이트 : 피부 톤이 하얀 사람이 사용하며 피부를 투명하고 깨

깃해 보이게 한다.

- 오렌지 : 검은 피부를 건강한 피부로 표현할 때 사용한다.
- 블루 : 피부를 희게 표현하거나 얼굴의 붉은기를 커버해 준다.

(1) 메이크업 베이스 주요 구성 성분

메이크업 화장품의 주요 구성 성분은 유성 성분, 수성 성분, 유화제 등이다. 기본적으로 기초 화장품에 착색 안료, 이산화티탄, 탈크 등을 분산시킨 것과 유사하다. 예를 들어 크림에 착색 안료, 백색 안료, 이산화티탄, 탈크 등을 분산 시키게되면 크림 파운데이션이 되고, 로션에 이들을 분산시키게 되면 리퀴드 파운데이션이 된다. 또한 착색 안료의 색상을 변화시키고, 백색 안료와 체질 안료의 비율을 조절하면 메이크업 베이스가 된다.

2) 파운데이션 (foundation)

파운데이션은 자신의 개성을 강조하고, 피부색을 조절해 주며 얼굴의 결점이나 윤곽을 수정할 때 쓰인다. 파운데이션은 자외선이나 외부 환경으로부터 피부를 보호해 주는 기능을 한다. 얼굴의 윤곽을 수정하며 입체감을 부여하여 얼굴의 색조 화장을 돋보이게 한다. 파운데이션은 물, 분말, 오일의 3가지 성분의 배합 비율에 따라 유화형(O/W, W/O형), 유성형, 분말고형 등의 파운데이션으로 나눌 수 있다.

(1) 유화형 파운데이션

1 리퀴드 파운데이션 (liquid foundation)

① 안료와 기름 입자가 수상에 분산되어 수분 함량이 많은O/W형 파운데이션이다.

② 유분보다 수분으로 이루어진 파운데이션으로 지성 피부나 민감성 피부에 사용한다.

③ 피부에 부담감을 적게 주므로 일반적으로 많이 사용되고 있다.
④ 사용감이 산뜻하여 투명 메이크업을 할 때 이용한다.

2 크림 파운데이션 (cream foundation)

① 크림 파운데이션은 수분보다 유분이 많은 W/O 형 파운데이션이다. 건조한 가을이나 겨울철에 사용하며 건성 피부가 사용하기 적절하다.
② 발림성이 좋고 지속력이 오래가 무대 화장이나 짙은 메이크업을 할 때 사용한다.

(2) 유성 파운데이션

유성 기제에 안료를 분산시킨 유성 파운데이션은 피복력이 좋고 지속성이 높다. 사용되는 안료는 무기 안료가 주로 사용되며, 유성 기제는 납류, 지방산, 고급 알코올이 쓰인다.

1 스틱 파운데이션 (stick foundation)

① 스틱 파운데이션은 유분과 수분을 혼합하여 스틱으로 만든 파운데이션으로 간편하게 사용할 수 있다.
② 스틱 파운데이션은 커버력과 밀착력이 우수하여 잡티나 기미, 여드름을 감추기 위해 사용된다.

(3) 파우더 파운데이션 (powder foundation)

① 파우더 파운데이션은 오일과 재료를 혼합하여 고형으로 압축시킨 파운데이션과 파우더를 하나의 형태로 결합시킨 것이다. 이 제품은 분체, 안료, 유성 기제, 계면 활성제 등으로 구성되고 부착성을 높이기 위해 결합제의 양이 고형분보다 많다.
② 파우더 파운데이션은 기초 손질과 메이크업 베이스를 바른

후 파우더 파운데이션으로 간단하게 마무리하는 것이 특징이다.

(4) 컨실러 (conecaier)

피부의 음영이나 상처, 점, 자극 부위, 눈 밑, 다크서클, 붉은 반점, 기미나 주근깨 결점 커버 시 사용한다. 종류로는 리퀴드 타입, 스틱타입, 크림 타입이 있다.

(5) 케이크 파운데이션 (cake foundation)

① 케이크 파운데이션은 오일과 재료를 혼합하여 압축시킨 것으로 흔히 '투웨이 케익' 이라고 한다.
② 케이크 파운데이션은 스펀지를 물에 젖혀 사용한다.
③ 밀착력과 퍼짐성이 우수한 것이 특징이다.

3) 파우더 (powder)

파우더는 파운데이션을 사용한 후 마지막 단계에서 파운데이션의 유분기를 제거하고 화장이 지워지거나 번지는 것을 막아주는 역할을 한다. 파우더는 얼굴을 화사하게 해주고 피부를 보송보송하게 해주는 특징이 있다. 자외선으로부터 피부를 보호해 주며 파우더는 가루로 된 페이스 파우더와 고형으로 압축시킨 콤팩트 파우더가 있다.

(1) 페이스 파우더(face powder or loose power : 가루 파우더)

퍼프를 이용하여 피부를 깨끗하고 자연스럽게 연출하며 번들거림을 잡아주고 화장을 오랜 시간 지속시켜 주는 것이 특징은 다음과 같다.

1 피복력

피복력은 입자의 크기와 굴절률에 의해 결정되는데, 이는 입자의 표면에서 반사되는 빛이 클수록 피복력이 커지기 때문이다. 가루분에는 산화아연과 이산화티탄이 많이 사용된다.

2 퍼짐성

퍼짐성 잘 퍼지는 성질을 말한다. 피부에 발랐을 때 쉽게 퍼지고 피부에 매끄러운 느낌을 주는 성질이 분말 원료로써 필요하다. 주로 탈크가 사용된다.

3 부착성

분 종류의 중요한 성질로써 피부에 잘 부착되는 것을 말한다. 부착성을 향상시키기 위해서 금속 비누 외에 소량의 유성 물질이 사용된다.

4 흡수성

피지나 땀을 흡수하여 화장의 흐트러짐을 막아준다. 여기에 사용되는 분말은 카올린, 탄산칼슘, 탄산마그네슘 등이 있다.

(2) 콤팩트 파우더(compact powder or pressed powder : 고형 파우더)

페이스 파우더를 휴대하기 쉽게 압축시켜 놓은 파우더로 가루 날림이 적은 것이 특징이다.

콤팩트 파우더는 일반적으로 가장 많이 사용하며 커버력이 뛰어난 것이 장점이다. 하지만 수정이 어렵고 지속력이 떨어지는 것이 단점이다.

3. 포인트 메이크업

베이스 메이크업 화장품과는 달리 얼굴의 특정한 부위에만 사용하는 화장품으로 크게 아이 메이크업, 립 메이크업, 특수 제품으로 분류된다.

3-1. 아이 메이크업 (eye make-up)

아이섀도는 눈의 음영을 주고 입체감을 표현해 눈을 매력적이고 아름답게 표현해 준다. 눈은 안전성을 고려해야 할 민감한 부분이므로 화장품에 사용되는 성분들은 엄격한 규제가 따르고 있다.

즉 점막 부위에 대해 자극을 나타내지 않으며 안전해야 하며 부드럽게 펴발라져야 한다.

단순히 눈의 모양뿐만 아니라 주변의 피부색, 눈썹, 코의 모양 등과 조화가 매우 중요하므로 고도의 테크닉이 필요하다. 또한 섀도의 색상과 전체 이미지 전달에 큰 역할을 한다.

(1) 아이섀도 (eye shadow)

고형 타입, 리퀴드 타입, 펜슬 타입, 스틱 타입 등 여러 가지가 있으며 자신이 원하고자 하는 이미지를 연출할 때 선택하여 사용한다. 사용되는 안료는 산화철, 황산화철, 흑산화철, 군청, 감청, 산화크롬, 운모티탄 등이 있다.

(2) 아이라이너 (eye Liner)

① 아이라이너는 눈의 윤곽을 뚜렷이 하고 눈을 아름답고 인상적으로 표현할 때 사용한다.

② 아이라이너는 건조가 빨리되어야 하고, 피부에 자극이 없어야 하며, 번지지 않아야 하고, 그리기가 쉬운 것을 선택해야 한다.

③ 아이라이너는 리퀴드 아이라이너, 펜슬 아이라이너, 젤 아이라이너, 케이크 아이라이너가 있다. 자신에게 맞는 라이너를 선택하여 사용한다.

(3) 마스카라 (mascara)

① 마스카라는 속눈썹에 사용하며 속눈썹을 길고 풍요롭게 보이게 하고 눈매를 아름답고 매력적으로 표현할 때 사용한다.

② 마스카라는 뭉침이 없어야 하고, 피부에 자극을 주지 않아야 하며, 고르게 도포되는 것을 선택한다.

③ 마스카라는 리퀴드 마스카라와 케익 마스카라가 있다.

(4) 아이브로 펜슬(eye brow pencil)

① 아이브로우 펜슬이란 눈썹 모양을 그려주는 펜슬을 말한다.

② 아이브로우 펜슬은 오일과 왁스로 이루어진 고형 펜슬이다.

③ 아이브로우 펜슬은 지속력이 좋아야 하고 피부에 사용했을 때 부작용이 없어야 한다. 또한 피부에 대해 자극이 없는 것을 선택해야 한다.

④ 색상은 세 종류가 있는데 원하고자 하는 이미지에 따라 선택한다.

- 갈색 : 갈색은 부드럽고 자연스러운 눈썹을 표현하고자 할 때 사용한다.
- 흑색 : 흑색은 세련되고 이지적인 눈썹을 표현하고자 할 때 사용한다.
- 회색 : 자연스럽고 내추럴한 눈썹을 표현하고자 할 때 사용한다.

3-2. 립 메이크업(lip make-up)

립 메이크업은 입술에 도포하여 색채와 광택을 주는 목적으로 사용하며 이차적으로는 추위나 건조 등으로부터 입술을 보호하는 작용도 한다.

립 메이크업에는 유제에 착색료를 분산 또는 용해하여 스틱상으로 만든다.

(1) 립스틱(lip stick)

① 립스틱은 색조 화장을 아름답게 연출할 때 사용되는 것으로 입술을 매력적으로 표현하고자 할 때 쓰인다.

② 립스틱은 혈색을 부여하고 여성미를 강조할 뿐만 아니라 입술을 보호해 주는 역할을 한다.

③ 립스틱 컬러를 선택하는 방법은 피부에 따른 립 컬러를 선택하여야 하고 색상이 주는 이미지를 고려(ex: 핑크색은 소녀적인 이미지를 준다)해야 하고 연령층과 입술 형태에 따라 립스틱 컬러를 선택하여야 한다.

(2) 립스틱 주요 원료

립스틱은 유성 원료와 착색료가 있고 향료나 산화 방지제 외에 필요에 따라 방부제 등이 배합되어 있다. 기제가 되는 유제를 만드는 유성 원료는 단일한 물질로는 립스틱에 필요한 많은 기능을 얻을 수가 없으므로 복수의 유성 원료를 사용된다. 또한 피마자유, 유동파라핀, 합성 에스테르유 등 액상의 유성 원료는 높은 융점인 유성 원료의 혼화성과 착색료의 분산성을 좋게 하며 립스틱의 부착성과 퍼짐성을 좋게 하여 도포하기 쉽게 하고, 도포했을 때 광택을 준다. 그 외 라놀린도 유제나 착색료의 분산 상태를 균일하게 하는 목적으로 사용한다.

3-3. 블러셔 (blusher or cheek color)

① 블러셔는 '볼터치' 라고 하며 얼굴의 윤곽 수정이나 혈색을 부여하고 개성있는 이미지를 연출하고자 할 때 사용한다.

② 블러셔의 색상 선택은 피부색과 맞추어야 하고 눈화장과 립스틱 색상에 맞추어 선택해야 한다.

③ 블러셔는 여러 가지 컬러가 있는데 핑크는 귀엽고 사랑스러운 느낌을 주며, 오렌지는 건강하고 귀여운 느낌, 브라운은 세련되고 지적인 느낌을 준다.

3-4. 네일 에나멜(nail enamel)

손톱에 도포하여 광택과 색채를 주어, 아름답게 할 목적으로 사용하는 화장품이고, 도포 후에 건조하여 손톱의 표면에 딱딱하고 광택이 있는 마찰에 강한 피막을 형성한다. 점성이 있고, 적당한 속도로 건조하여 균일한 피막을 형성할 필요가 있다. 또한 착색료가 균일하게 용해 또는 분산되어 있어 도포 후에 색조나 광택이 변화하지 않아야 한다.

CHAPTER 7 기능성 화장품

[기능성 화장품]

20세기의 화장품 시장이 대량 생산 위주이고 획일적인 남성형 시장이었던 반면, 21세기의 화장품 시장은 품질보다는 감성적 이미지를 강조하고, 가격보다는 유희성과 기능성을 중시한다. 21세기에는 고령화 인구의 증가에 따라 실버용 화장품, 항 노화 화장품의 사용이 급속히 증가할 것으로 예상된다. 우리나라는 2000년 기준으로 65세 이상의 인구가 약 33만7천 명으로 전체 인구의 7%를 차지, 이미 고령화 사회에 진입하였다. 65세 이상 인구가 전체의 14%를 넘어서는 고령 사회(aged society)는 2019년경 도달할 것으로 통계청은 전망하고 있다.

80세 이상 초 고령 인구도 2000년 48만 3천명에 비해 4배 가까운 180만 명으로 증가할 것으로 예측되며, 특히 고령화의 속도는 선진국에 비해 한국은 불과 19년만에 고령 사회로 진입할 것으로 내다보고 있다. 이에 따라 화장품은 '아름답게 나이를 먹는 것(successful aging)'을 실현할 수 있는 수단으로 인식되고 있으며, 화장품의 개념은 경제 성장과 화장 문화의 발달에 따라 청결, 미화와 같은 단순한 피부의 손질 개념에서 벗어나 피부 노화의 지연과 세포 부활이라는 치유 개념으로 발전하고 있다.

기능성 화장품은 영어로 '코스메디컬(cosmedical)' 또는 '코스메슈티컬(cosmeceutical)'이라 한다. 코스메디컬은 화장품을 의미하는 '코스메틱(cosmetic)'에 의료를 의미하는 '메디컬(medical)'이 합해져 만들어진 말이고, 코스메슈티컬은 코스메틱과 약물을 의미하는 파머슈티컬(phamaceutical)의 합성어이다.

기능성 화장품은 화장품 본래의 기능인 피부의 항상성 유지 외에 새로운 기능을 추가하여 피부를 건강하고 아름답게 하기 위하여 사용되는 물품으로, 2000년 7월 1일부터 시행된 국내 화장품에서는 피부의 미백에 도움을 주는 제품, 피부의 주름 개선에 도움을 주는 제품, 피부를 곱게 태우거나 자외선으로부터 피부를 보호하는데 도움을 주는 제품으로 한정하고 있다.

기능성 화장품에서 고려되어야 할 조건은 다음과 같다.

① 사용 대상이 질병 상태가 아닌 정상 피부여야 한다.
② 사용 목적이 피부 건강 상태를 유지하며 피부의 이상 및 노화를 방지하거나 개선하여야 한다.
③ 인체에 대한 작용은 아주 미미하여야 하며, 약리 작용은 미미하게 있으되 부작용의 가능성은 거의 없어야 한다.

<표 7-1> 기능성 화장품의 영역

<table>
<tr><td>2000년 7월 이전</td><td colspan="2">화장품</td><td>의약외품</td><td>의약품</td></tr>
<tr><td>2000년 7월 이후</td><td>화장품</td><td>기능성 화장품</td><td>의약외품</td><td>의약품</td></tr>
</table>

[1. 미백 화장품]

1-1. 피부색

피부색은 표피에 존재하는 색소 세포인 멜라닌(melanin), 혈관 속에 함유된 헤모글로빈(hemoglobin)과 피하조직의 카로틴

(carotene) 등의 색소가 상호 작용해서 나타나는데, 그중에서도 외관상의 피부색은 멜라닌 색소의 양과 분포에 의해 거의 결정된다.

멜라닌은 자외선의 자극으로 생성되는데 인종에 따라 그 양이 다르다. 표피의 멜라닌 세포 수는 피부색과 관계없이 일정하며 민족 간의 피부색을 결정하는 것은 멜라노솜의 수와 크기이다. 같은 양의 멜라닌이라도 흑인의 경우는 멜라노솜이 산재되어 있는 반면 백인은 멜라노솜이 얇은 막에 의해 뭉쳐져 있기 때문에 희게 보인다.

멜라닌을 생성하는 멜라닌 세포는 표피 기저층에 존재하며 피부에서 발생하는 활성산소나 프리 라디칼을 제거하고, 자외선으로부터 피부를 보호하는 역할을 한다.

<표 7-2> 피부색을 결정하는 요인

구 분	색	영향요인
멜라닌	흑갈색	표피의 기저층
헤모글로빈	적색	진피의 혈관
카로틴	황색	피하조직

미백 화장품의 활성 성분은 작용 메커니즘에 따라 〈표 7-3〉과 같이 구분할 수 있다.

<표 7-3> 미백 메커니즘에 따른 활성 성분

구 분	색	영향 요인
자외선 차단	자외선의 차단을 통한 멜라닌 생성 억제	이산화티탄, 감마 - 오리자놀, 옥시벤존
사이토카인 조절	멜라닌 합성 신호 전달 물질인 사이토카인 작용 조절	
멜라닌 합성 저해제	티로신 산화 반응 억제	비타민C 및 그 유도체, 글루타치온
티로시나제 활성 저해	티로신 산화 촉매제인 티로시나제 활성 저해	알부틴, 감초 추출물, 닥나무 추출물, 상백치 추출물

2. 주름 개선 화장품

주름의 개선과 주름의 방지는 그 메커니즘과 처방이 서로 다르기 때문에 주의를 요한다. 화장품법에서도 기능성을 이미 발생한 주름의 개선에 맞추고 있다.

<그림 7-1> 자연 노화에 의한 주름살 형성 메커니즘

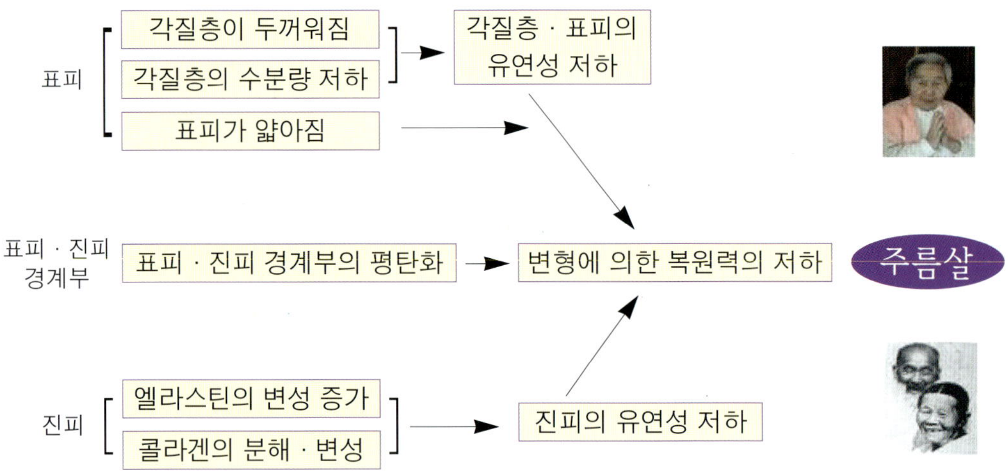

2-1. 주름의 발생 원인

노화된 피부는 표피의 세포 교체(turn over) 주기가 길어 각질층이 두껍고 투명감이 떨어지며 칙칙하게 보인다. 젊은 사람의 피부는 진피 속에 존재하는 콜라겐과 점액질의 뮤코다당류의 수분 결합 능력이 크기 때문에 주름없는 피부를 유지한다.

그러나 나이가 들면 콜라겐과 뮤코다당류의 수분 결합 능력이 떨어져 피부 속의 수분이 빠져나가 주름살이 생기게 된다. 또한 노화된 피부는 활성산소의 영향으로 엘라스틴의 탄력성이 떨어져 탱탱함이 줄어들고 모세혈관의 혈액순환 저하로 산소와 영양분의 원활한 공급이 이루어지지 않아 주름이 심화된다. 장기간 햇빛에 노출된 피부는 피부의 광노화에 의해 주름이 생기는데, 자외선은 섬유질을 손상시켜 콜라겐 함량을 감소시키고, 엘라스틴의 가교 결합을 증가시켜 피부의 탄력을 감소시켜 주름을 생성하게 한다.

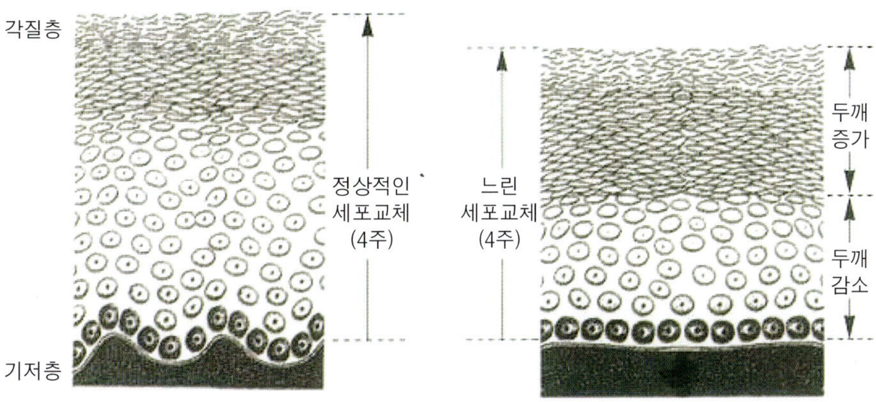

<그림 7-2> 노화 피부(표피)의 각질화 과정

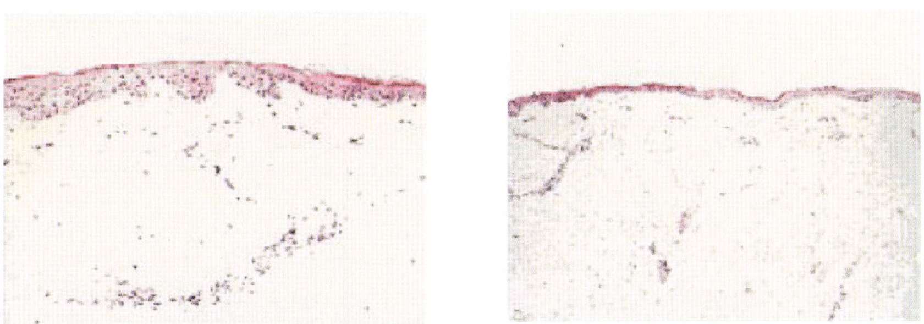

<그림 7-3> 젊은 피부와 노화 피부의 표피와 진피

2-2. 주름 개선 성분

주름 개선 성분에는 진피의 결합 조직 형성을 촉진시키는 섬유아 세포의 성장을 촉진하는 물질, 섬유아 세포의 콜라겐 합성을 촉진하는 물질, 활성산소와 프리 라디칼을 제거하는 물질 등이 있는데, 이 중 대표적인 물질이 레티노이드(retinoid)이다.

레티노이드는 비타민 A와 관련된 화합물의 총칭으로 레티놀(retinal), 레틴알데히드(retin aldehyde) 및 레틴산(retinoic acid) 등이 있는데, 이들은 피부 세포의 분화와 증식에 영향을 주고 손상된 콜라겐과 엘라스틴의 회복을 촉진한다.

레티노이드 가운데 가장 먼저 사용된 것은 레틴산으로 여드름 치유 및 잔주름 개선에 효과가 있는 것으로 알려져 있다. 레틴산은 각질층의 세포 교체를 빠르게 하여 죽은 각질 세포를 떨어져 나가게 하고, 새로운 세포의 생성을 촉진시켜 피부에 탄력을 주고 주름을 억제해 준다.

그러나 과도한 피지 발생의 억제로 피부가 가렵고 때때로 따끔거리는 단점이 있다. 그리고 모세 혈관의 확장으로 피부가 붉어지고, 각질의 제거로 태양광선에 민감해 지기 때문에 자외선 차단 크림을 발라야 하는 번거로움이 있다.

레티놀은 레틴산의 전구 물질로 피부에 침투한 후 서서히 레틴산으로 변화하여 작용하기 때문에 효과가 떨어지지만 피부 자극이 상대적으로 적다는 장점이 있다.

그러나 레티놀은 분자 내에 불포화 결합이 있어 공기 중에서 쉽게 산화된다. 따라서 레티놀의 안정화를 위해 특수한 튜브 용기를 사용하거나 팔미틴산과 같은 지방산을 결합한 레티닐 팔미테이트(retiny palmitate)를 사용한다.

레티놀	● 비타민 A 성분으로 콜라겐의 합성을 촉진하여 주름을 개선 ● 빛, 열, 공기에 의해 쉽게 파괴되는 불안정한 성질이 있다. 따라서 특별한 안정화 기술이 필요한 원료
폴리에톡실레이티드 레틴아마이드	● 메디민 A라 불리는 비타민 A의 유도체 ● 레티노이드에 PEG를 첨가한 형태 ● 안정성이 우수하고 피부흡수력이 높아 주름 개선에 효과적
아데노신	● 피부 섬유아 세포의 DNA 합성 촉진과 단백질 합성을 증가 ● 세포의 크기를 증가시켜 진피 세포의 파괴와 노화로 인한 주름 형성을 개선시킴

[3. 자외선 차단 화장품]

3-1. 자외선

태양광선은 자외선, 가시광선, 적외선으로 구분되며, 자외선은 파장에 따라 UVA, UVB 및 UVC로 나뉜다. 이 가운데 UVA는 파장이 가장 길어 실내의 유리를 통과할 수 있기 때문에 생활 자외선이라 불리며, 색소 침착(suntan)과 콜라겐 손상에 의한 주름 발생의 원인이 된다. UVB는 비타민D의 합성을 촉진하고 색소 침착과 일광 화상(sunburn)을 일으키며, UVC는 피부암의 원인이 되는 것으로 알려져 있다.

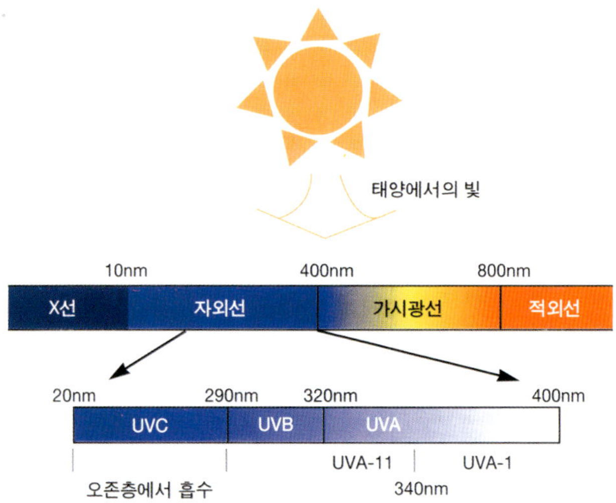

<그림 7-4> 태양광선의 스펙트럼

자외선의 강도는 일년 중 5~7월에 가장 높고, 12~2월에 가장 낮으며, 하루 중에는 오전 10시부터 오후 2시까지 최대를 나타낸다. 신체 부위별로는 코나 뺨, 아랫입술에 받은 양이 많다. 피부 내부에 도달하는 자외선의 양은 파장에 따라 다르며 장파장이 될수록 진피 깊숙이 도달한다〈그림〉. 자외선의 반사면에 따른 반사율은 〈표 7-4〉와 같다.

<표 7-4> 자외선의 반사면에 따른 반사율

반사면	반사율(%)
잔디	1~2
콘크리트	5~6
건조한 모래	15~20
수면	0~100
눈	80~95

<그림 7-5> 피부에 대한 자외선의 투과성

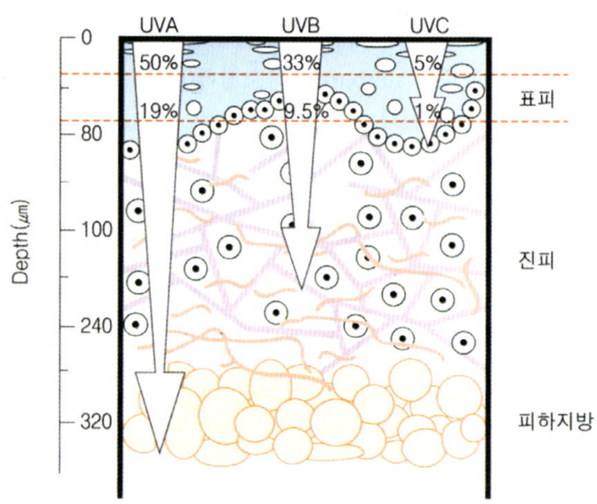

3-2. 자외선 차단 지수

1) 자외선 차단 지수(SPF : Sun Protection Factor)

자외선 차단 화장품이 UVB로부터 피부를 보호할 수 있는 정도를 수치화하여 표시한 것으로, 자외선 차단 화장품을 도포하지 않은 부위에 UVB를 조사하여 얻은 최소 홍반량을 자외선 차단 화장품을 사용하여 얻은 최소 홍반량으로 나눈 값이다.

최소 홍반량(Minimum Ethemal Dose, MED)은 UVB를 사람의 피부에 조사한 후 16~24시간에서 조사 영역의 거의 대부분에 홍반을 나타낼 수 있는 최소한의 자외선량을 말한다.

$$SPF = \frac{\text{UV 차단 화장품을 사용했을 때의 최소 홍반량}}{\text{UV 차단 화장품을 사용하지 않았을 때의 최소 홍반량}}$$

2) 자외선 A 차단 지수(Protection factor of UVA, PFA)

UVA에 대한 차단 정도를 나타내는 수치로 자외선 차단 화장품 도포 부위와 무도포 부위의 MPPD의 비를 자외선 A 차단 지수(Protection factor of UVA, PFA)라 한다.

UVA 조사 후 2시간에서 4시간 내에, 조사 영역의 전 영역에 기본적으로 희미한 흑화가 인식되는 최소 자외선 조사량을 최소 지속형 즉시 흑화량(Minial Persistent Pigment darkening Dose : MPPD, 이하 MPPD라 한다)이라 한다.

자외선 A 차단 등급(PA)은 Protection grade of UVA의 약칭으로 피·에이라 부르며, UVA 차단 효과의 정도를 나타낸다.

$$PFA = \frac{\text{UV 차단 화장품을 사용했을 때의 최소 흑화량}}{\text{UV 차단 화장품을 사용하지 않았을 때의 최소 흑화량}}$$

<표 7-5> 자외선의 반사면에 따른 반사율

PFA	UVA 차단 정도 분류	UVA 차단 효과
2 이상 4 미만	PA^{+}	있음
4 이상 8 미만	PA^{++}	상당히 높음
8 이상	PA^{+++}	매우 높음

여름철 강렬한 햇별 아래서 자외선 차단 화장품을 사용하지 않았을 때 10분만에 홍반이 발생한 사람이 SPF 15인 자외선 차단 화장품을 사용했을 때 몇 분의 차단 효과를 볼 수 있을까?

$$SPF = \frac{\text{UV 차단 화장품을 사용했을 때의 최소 홍반량}}{\text{UV 차단 화장품을 사용하지 않았을 때의 최소 홍반량}}$$

$$= \frac{\text{UV 차단 화장품을 사용했을 때 홍반이 발생할 때까지 소요된 시간}}{\text{UV 차단 화장품을 사용하지 않았을 때 홍반이 발생할 때까지 소요된 시간}}$$

$$= \frac{\text{UV 차단 화장품을 사용했을 때 홍반이 발생할 때까지 소요된 시간}}{10}$$

즉, 자외선 차단 화장품을 사용하게 되면 15×10분=150분 간의 자외선 차단 효과를 볼 수 있다. 자외선 차단 화장품을 한꺼번에 두껍게 발라주는 것보다 일조량에 따라 시간별로 적절히 자주 덧발라 주는 것이 피부에 부담이 적고 효과적이다.

3-3. 자외선 차단 화장품

유해한 자외선의 침투를 막아 피부를 보호하기 위한 것으로 선 스크린(sun screen) 또는 선 블록(sun block)이란 명칭으로 불려지고 있으며, 일반적으로 로션이나 크림 형태이다.

자외선 차단 화장품에는 자외선의 침투를 막기 위해 자외선 차단제가 배합된다. 자외선 차단제에는 이산화티탄과 같은 무기 물질을 이용하여 물리적인 산란 작용에 의해 자외선이 피부 속으로 침투되는 것을 막는 자외선 산란제와 옥틸디메칠파바(octyldimethyl PABA)와 같은 유기 물질을 이용하여 화학적인 방법으로 자외선을 흡수시켜 소멸시키는 자외선 흡수제가 있다.

자외선 산란제는 차단 효과가 우수하고 접촉성 피부염과 같은 부작용은 없으나 불투명하기 때문에 크림이나 로션에 많이 배합하면 보기에 좋지 않은 단점이 있다. 반면에 자외선 흡수제는 투명하기 때문에 보기에는 좋지만 많이 배합하게 되면 접촉성 피부염을 일으킬 수 있으므로 국가별로 최대 배합 한도를 엄격히 규제하고 있다.

<표 7-6> 자외선 차단제의 분류

	물리적 차단제(무기자외선산란제)	화학적 차단제(유기자외선흡수제)
작용	자외선이 피부에 흡수되지 못하도록 피부 표면에서 빛을 반사 또는 산란시켜 차단한다.	피부에 유해한 자외선을 흡수하여 피부침투를 차단한다.
소재	산화아연, 이산화티탄, 탈크, 카올린, 산화마그네슘	벤조페논, 디옥시벤존, 옥틸메톡시신나메이트, 옥틸디메칠파바, 부틸메톡시디벤조일메탄
응용	메이크업화장품(파운데이션)	기초화장품(크림, 로션)

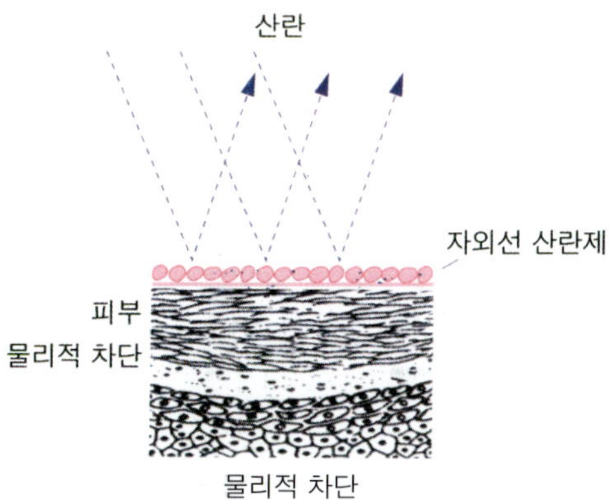

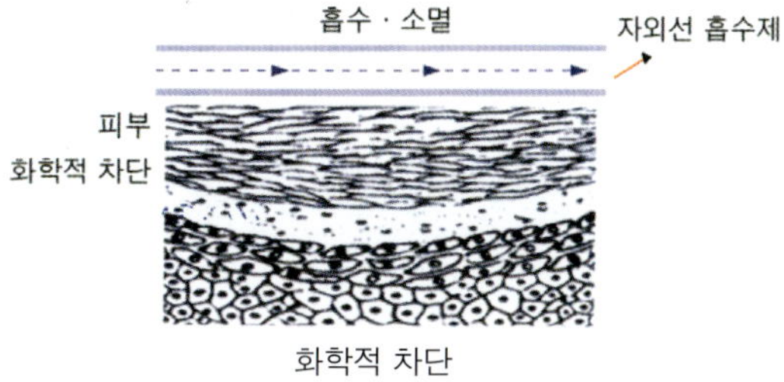

<그림 7-6> 자외선 차단제의 작용 원리

[4. 선탠 화장품]

선탠 화장품은 자외선 특히 UVB에 의한 홍반을 일으키지 않고, 균일하고 아름다운 갈색의 피부를 만들기 위한 제품이다. 따라서 자외선 방지제는 UVB 차단을 주목적으로 구성된다.

제품 형태는 오일 타입이 가장 일반적이며, 여름철 해변에서 사용되는 경우가 많으므로 사용 감촉이 끈적이지 않고, 모래가 잘 붙지 않는 성분의 원료를 사용하여야 한다.

한편 피부를 햇볕에 노출시키지 않고도 화장품을 통하여 피부색을 갈색으로 변화시키는 것을 셀프 탠닝(self-tanning)이라 한다. 주요 성분은 디히드록시아세톤(dihydroxyacetone, DHA)으로 피부의 각질층에 함유된 아미노산을 갈색의 색소로 만들어 준다. 바른 후 2~3시간부터 반응이 나타나고 6시간 정도면 효과를 볼 수 있다.

바른 부위만 색소로 변색되기 때문에 원하는 부위만 선택적으로 사용할 수 있고 바르는 횟수에 따라 색상을 조정할 수 있다. 물은 탠닝의 효과를 억제하므로 물과의 접촉을 피해야 한다.

또한 탠닝 이외의 다른 부분의 피부가 색소 침착되는데 주의해야 하며, 제품을 바른 후 즉시 손을 씻어 손바닥이 색소 침착으로 까맣게 변하지 않도록 주의해야 한다.

[5. 아토피 화장품]

5-1. 아토피의 정의 및 원인

'아토피(atopy)'는 그리스어로 '뜻을 알 수 없는' 혹은 '비정상적인'이란 뜻의 접두사이다.

아토피성 피부염은 어원에서도 알 수 있는 바와 같이 원인을 알 수 없는 피부염을 말한다.

아토피성 피부의 주된 특징은 견디기 힘든 소양감(搔痒感)이다. 일정한 주기 없이 원인 없이 가려우며 반복해서 긁게 되면 피가 나고 2차 감염을 일으키기도 한다. 아토피의 원인은 크게 감마-리놀렌산 같은 필수 지방산의 부족과 같은 유전적인 요인과 환경적인 요인으로 나눌 수 있다.

아토피 피부는 각질층 내의 피부 장벽 기능을 하는 세라마이드의 함량이 감소하면서 피부의 수분이 감소하고 피부 장벽 기능이 저하되어 자극 물질에 의한 자극 반응, 정상 피부에는 침입하기 어려운 단백질 등의 침입으로 피부 알레르기 등이 쉽게 발생한다.

5-2. 아토피 화장품

아토피 피부 관리는 첫째, 피부의 청결과 항원 물질을 제거하고 둘째, 피부 장벽 기능의 강화를 통해 자체 보습 능력을 높이는 것이 중요하다.

샤워나 목욕 등을 통하여 피부에 묻은 먼지, 집 먼지진드기, 피부 유해균, 땀, 기타 이물질 등을 씻어냄으로써 아토피 피부의 악화 요인을 제거하는 것이 중요하다. 특히 땀을 많이 흘린 경우에는 잘 씻어야 하며, 세정이 적절하지 않거나 과도하면 오히려 상태를 악화시킬 수 있다.

아토피 피부는 정상 피부보다 pH가 높으므로 알칼리성 비누보다는 약산성의 세정제를 사용하는 것이 좋다. 또한 장시간의 목욕은 피하고 미지근한 물로 샤워를 하도록 한다.

아토피 피부는 매우 건조하므로 적절할 보습제를 발라야 하며, 감소된 세라마이드 등을 보충하기 위해 세라마이드가 함유된 보습제를 꾸준히 발라주어야 한다.

6. 각질 제거 화장품

정상적인 피부는 투명하고 깨끗한 외관을 유지하지만 각질이 누적된 피부는 불투명하고 탄력이 떨어지게 된다. 이러한 각질을 제거하여 원래의 맑은 피부톤으로 회복시키는 제품이 각질 제거용 화장품이다. 각질 제거 방법은 크게 화학적 방법과 물리적 방법으로 나눌 수 있다.

화학적 방법에는 효소와 같이 수분과 온도를 적절히 이용하여 자극없이 각질을 제거하는 방법과 알파히드록시산(alpha-hydroxy acid, AHA)을 이용하는 방법이 있다. AHA에 이용되고 있는 물질로는 글리콜산(glycolic acid), 젖산(lactic acid), 사과산(malic acid), 주석산(tartaric acid), 그리고 구연산(citric acid) 등이 이용되고 있으며 대략 1~10% 정도가 사용되고 있다.

AHA 성분이 함유된 화장품을 사용할 때는 피부에 자극이 올 수 있으므로 pH 3.5 이상에서 10% 이하의 농도의 제품을 사용하고 사용 후에는 햇빛을 피하는 것이 좋다. 그 이상 농도의 제품을 이용할 때는 전문의의 처방을 받아야 한다. 최근에는 AHA보다는 각질 제거 효과가 떨어지지만 피부 안전성이 좋은 BHA(beta-hydroxy acid)를 많이 사용한다.

AHA는 각질 세포의 제거뿐 아니라 햇빛 등에 의한 피부의 노화 현상을 회복시키는 기능도 하는데, 25%의 글리콜산(pH 3.5)을 6개월 정도 사용하면 멜라닌 색소가 고르게 분포되고 탄력 섬유(엘라스틴)의 기능이 향상된다. 또한 교원 섬유(콜라겐)의 수를 증가시켜 피부 주름을 감소시키고 피부를 유연하게 해준다.

<표 7-7> 알파-히드록시산(AHA)의 종류와 특징

이 름	원 어	특 징
글리콜산	Glycolic acid	●사탕수수에 함유되어 있는 성분 ●AHA 중에서 가장 분자량이 작아 침투력이 우수 ●섬유아 세포의 증식 작용과 주름 개선 작용 ●흡습성이 우수 ●pH 조절제로도 사용
젖산	Lactic acid	●부패한 우유에 존재 ●동·식물계에 널리 존재 ●보습 작용, 묽은 각질 제거 효과 ●각질층의 세라마이드 양도 증가시켜 줌
사과산	Malic acid	●사과, 복숭아에 함유되어 있는 성분 ●능금산이라고도 함 ●보습 작용, pH 조절 작용
주석산	Tartaric acid	●신포도에 함유되어 있는 성분 ●포도산이라고도 함 ●보습 작용, pH 조절 작용
구연산	Citric acid	●레몬, 오렌지 등에 많이 함유 ●킬레이트 작용, 산화 방지 작용 ●화장품의 pH 조절제로 많이 사용

7. 리포솜 화장품

리포솜(liposome)은 세포막의 구성 성분인 인지질로 이루어진 이중막으로 된 내부가 비어있는 구형의 공과 같은 모양을 말한다.

리포솜의 제조에 사용되는 대표적인 인지질은 계란에 함유된 레시친(lecithin)이다. 레시친은 분자 구조가 하나의 친수성 머리에 두 개의 친유성 꼬리가 결합된 계면 활성제의 일종으로 물에 녹이면 작은 공과 같은 모양을 만들며, 내부에 여러 가지 영양 물질을 안정하게 담아 둘 수 있고, 또한 영양 물질의 피부 흡수를 증가시킬 수 있다.

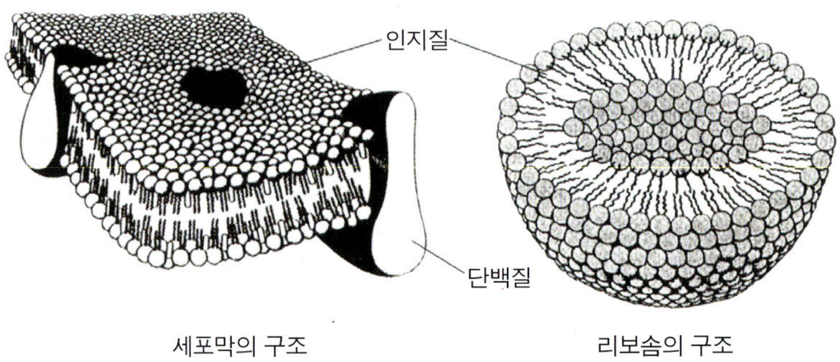

<그림 7-7> 세포막과 리포솜의 구조

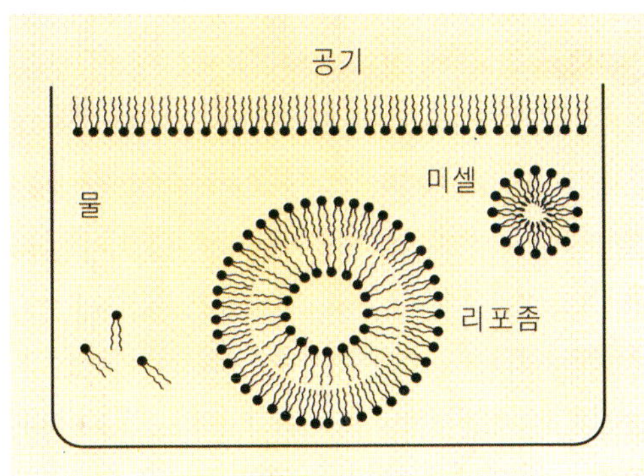

<그림 7-8> 레시틴에 의한 리포솜의 형성

CHAPTER 8 모발 화장품

1. 샴푸

샴푸제는 두피나 모발에 있는 피지 및 오염 물질 등을 제거하여 청결하게 해주는 것을 주목적으로 한다. 또한 샴푸는 청결의 목적 외에 두피의 마사지 효과와 더불어 혈액 순환을 촉진시켜 두피의 생리 기능을 활성화시켜 건강한 두피와 모발을 갖게 해준다.

최근에는 이러한 샴푸의 기본 기능 이외에 특정 보조제가 첨가되어 컨디셔닝 효과, 비듬 방지, 탈모 방지, 육모 효과 등의 기능성 샴푸가 많이 출시되고 있다.

1-1. 기본원료

샴푸제의 주 원료는 세정성이 탁월한 음이온 계면 활성제와 비이온 계면 활성제, 고급 알코올계 합성세제 등이고, 부원료로는 컨디셔닝제, 보습제, 점증제, 방부제, 색제, 향료, 그리고 기능 부여제 등이 있다.

(1) 세정제 및 기포 형성제

세정성이 가장 좋은 음이온 계면 활성제와 비이온 계면 활성제를 주 원료로 한다. 기포가 형성되면 기포 내에 빈 공간 속으로 오염 물질 등이 들어가 계면 활성제가 그 주위를 둘러싸게 되고 또한 물리적인 자극을 부여할 수 있으므로 세정 역할을 크게 도울 수 있다. 라우릴썰페이트계(Lauryl sulfate)의 음이온 계면 활성제를 많이 이용하고 있다.

(2) 컨디셔닝제 및 보습제

컨디셔닝제는 샴푸 후 모발이 푸석해 지는 것을 방지하여 모발의 광택, 유연성을 부여해 주기 위한 것으로 유성 원료를 사용한다. 주로 고분자 물질, 광물성유 등을 사용한다.

보습제는 글리세린이나 프로필렌글리콜 등의 다가 알코올류가 이용된다.

(3) 기능 부여제

모발의 기능 부여제로써는, 비듬용 샴푸에는 비듬균을 억제시켜 주는 역할을 하는 징크피리치온(유산아연), 트리크로산 등이 있고, 사용 후 두피를 시원하게 해주는 청량감 부여제로 멘톨 등이 배합된다.

(4) 기타

방부제로 안식향산류나 파라벤류 등이 사용되고, 색제 및 향료, 금속이온 봉쇄제가 첨가된다.

1-2. 종류

정상 모발용 외에 최근에는 각각의 기능 부여제에 따라 손상 모발용, 비듬 제거용, 탈모 방지용 등으로 나눌 수가 있다.

(1) 프로테인 샴푸

콜라겐, 단백질 가수분해물인 폴리펩티드와 아미노산 등이 배합되어 있는 샴푸로 모발 내에 소실된 간충 물질을 보충해 주어 손상된 모발에 적합하다.

(2) 비듬 방지 샴푸

비듬은 두피의 각질 세포가 정상보다 빨리 각화되면서 쌀겨 모양으로 생성되어 분리되는 형상으로 비듬의 원인은 확실하게 밝혀지지 않았지만 비듬균(pityrospouum ovale)이 원인이라고 추정되고 있다. 비듬은 세균의 증식과 관계가 있기 때문에 비듬균을 사멸 또는 억제시킬 수 있도록 살균제를 첨가한 샴푸가 비듬 방지용 샴푸이다. 이때 첨가하는 살균제로는 유황의 화합물인 징크피리치온을 사용한다. 징크피리치온은 비듬과 가려움을 억제하는 작용이 뛰어나 비듬 방지용 샴푸의 성분으로 널리 사용되고 있다.

(3) 산성 샴푸

모발 및 두피의 pH는 4~6의 약산성 상태로 이 범위 내에서 가장 안정하고 건강한 상태를 유지할 수가 있다. 산성 샴푸는 구연산, 린산, 젖산 등에 의해 pH 5~6 정도의 약산성으로 만들어져 있다. 다만 일반 알칼리성 샴푸에 비해 세정력이나 거품성이 떨어지는 단점이 있다. 잦은 펌이나 염색에 의해 손상된 모발이나 약한 두피를 가진 사람에게 적합한 샴푸이다.

(4) 베이비 샴푸

눈 또는 피부 및 모발에 대한 안전성이 높아야 하므로 세정성과 거품성은 떨어지지만 자극성이 낮아 피부 및 모발 자극이 없는 양이온 계면 활성제를 주 원료로 사용하고 음이온 계면 활성제 및 합성세제류는 첨가하지 않는다.

2. 린스

린스는 본래 '헹구다' 라는 의미를 가지고 있고, 일반적으로 샴푸 후에 사용된다. 린스제는 샴푸 후 모발에 유연성을 주어 부드럽고 광택이 나는 머릿결을 갖게 하고 대전 방지 효과 및 보습 효과를 갖게 하는데 그 목적이 있다. 최근에는 펌 또는 염색 후 흐트러진 모발의 pH 불균형을 맞추기 위해서 산성 린스를 많이 사용하고 있다.

2-1. 기본 원료

유연성을 부여하는 컨디셔닝 효과가 주 목적인 린스의 주 원료로는 양이온 계면 활성제를 많이 사용한다. 그리고 탈지력이 강한 샴푸 사용 후 유분을 보충해 주기 위해서 고급 알코올계의 유성 원료 및 보습제, 점증제, 방부제, 색제, 향료 등이 배합된다.

(1) 양이온 계면 활성제

모발을 부드럽게 만들고 정전기를 방지하는 작용을 하여 컨디셔닝 효과를 할 수 있다. 모노알킬형 4급 암모늄염이 가장 많이 사용되고 있는데 탄소 사슬의 수가 16~22개의 것을 많이 사용한다.

(2) 유성 원료 및 보습제

컨디셔닝 효과를 목적으로 하는 유성 원료로는 고급 알코올, 고급 지방산, 탄화수소유, 그리고 동물성, 식물성 유지가 포함된다. 보습제로는 샴푸와 마찬가지로 글리세린이나 프로필렌글리콜의 다가 알코올을 많이 사용한다.

(3) 실리콘 오일

실리콘 오일은 모발을 매끄럽게 하고 윤기 및 광택을 부여해 주는 역할을 한다. 주로 메칠폴리실록산, 메칠페닐폴리실록산 또는 아미노산에 실리콘이 합성되어 있는 아미노 변성 실리콘 등이 이용되고 있다.

(4) 기타

유화제로 사용되는 비이온성 계면 활성제를 비롯하여 향료 및 색제가 포함되고 최근에는 자외선 차단제가 포함되어 있는 것들도 출시되고 있다.

2-2. 종류

1) 산성 린스

퀸산, 구연산, 주석산 등의 약산이 포함되어 모발 및 두피의 pH4~6을 유지할 수 있도록 하였다. 특히 알칼리성의 약제를 띠는 퍼머넌트 웨이브 시술이나 염색 시술 후, 알칼리에 의해 팽윤 · 연화된 모발의 pH를 본래대로 되돌려 건강한 머릿결을 보존할 수 있도록 사용된다.

(2) 컨디셔닝 린스

손상 모발을 본래의 정상 모발로 건강하게 회복시키기 위한 린스로 폴리펩티드, 토코페롤, 레시틴 등이 함유되어 있다. 이들은 모발을 구성하는 단백질인 케라틴에 흡착되어 손상된 모발에 대한 컨디셔닝 효과가 크다.

[3. 트리트먼트]

두피 트리트먼트(scalp treatment)와 모발 트리트먼트(hair treatment)로 구분되기도 한다. 두피 트리트먼트의 기능은 두피에 필요한 유분과 수분을 보충함과 동시에 비듬과 가려움 등을 억제하여 두피의 건강을 유지하고 그 생리 기능을 높여준다. 모발 트리트먼트의 경우 모발의 손상을 예방하고, 손상된 모발 표면을 보충하여 모발 손상이 진행되지 않도록 하는 것을 그 목적으로 한다.

최근에는 린스 대신 트리트먼트제를 샴푸 후에 사용하기도 하고, 손상된 모발이나 기능성 부여를 필요로 하는 모발에 이용되어 모발에 유분과 수분을 공급하는 컨디셔닝제와 모 피질 내에 소실되어 버린 간충 물질을 보충할 수 있도록 하여 모발 단백질의 기능을 강화시킬 수 있는 단백질과 아미노산 등의 가수분해 산물 등을 포함하여 모발 건강 강화를 돕는 역할을 하도록 한다. 그리고 비타민 또는 비타민 유도체등을 포함하여 모발 건강 기능을 항진시킬 수 있도록 한다.

트리트먼트제는 샴푸 후 건조된 모발에 도포하여 일정 시간이 지난 후에 헹구어내도록 하고, 적외선이나 열을 작용시켜 그 효과를 높이도록 하기도 한다.

[4. 퍼머넌트 웨이브제]

옛날 기록에 의하면 퍼머넌트 웨이브는 기원전 3000년경에 이집트에서 모발에 점토를 묻혀 봉으로 말아서 자연스럽게 말려 인공적인 컬을 만들었던 것에서 시작된다.

이것은 점토 안에 포함되어있는 알칼리 성분이 직사광선의 열 (이것은 현재 가온식에 사용되고 있는 60℃를 넘어서는 온도)을 받아서 모발에 화학 변화를 주어서 컬을 형성했다고 생각할 수 있다.

그리스 로마 시대에는 불에 달군 철의 봉으로써 컬을 만들었다고 한다. 이처럼 퍼머의 기법은 오랫동안 계속되어 19세기 중엽에 석유 램프에 컬 아이롱을 달구어서 모발에 웨이브를 만들게 되었다.

1875년 프랑스 파리에서 마셜(Marcel)이라는 사람이 아이롱을 개발하였다(마셜 아이롱). 이것은 모발을 뜨거운 봉으로 마는 것은 옛날과 같은 방식이나 새로운 기구의 발명이라고 말할 수 있다. 그러나 이 방법은 모발의 컬이 늘어지는 결점을 피할 수 없었다.

20세기 초기에 독일의 찰스 네슬러(Charles Nessler)는 웨이브를 연구하는 도중에 우연히 알카리제가 웨이브를 유지시키는 효과가 있는 것을 발견하였다. 그는 알칼리성의 수용액으로 모발을 봉으로 말아서 이것에 열을 주는 것으로 웨이브를 얻는 것에 성공했다. 더욱이 그는 가열을 위해 전기열을 사용하였다. 따라서 근대적인 퍼머넌트 웨이브의 시조는 찰스 네슬러이다.

그러나 네슬러는 불완전한 기구를 사용함으로써 긴 시간이 필요했고, 그 약품의 처방을 비밀로 했기 때문에 대대적으로 보급하기까지는 힘들었다. 그러나 아름다움을 추구하는 여인들의 희망은 많은 연구가들에게 찰스 네스러의 방식을 기본으로 해서 사용 약품을 개발하고, 가열 기구에 대해서도 개량을 거듭하여 1920년대에 퍼머넌트 웨이브는 급격하게 늘어났고, 전열(電熱) 퍼머의 번성기를 맞이하였다. 한편 1930년대에는 전기를 사용하지 않는 가열 방식(약품에 열을 사용)의 특허가 계속해서 나왔다. 이것은 열을 사용하지 않고 퍼머넌트 웨이브를 형성하는 시스템과 약품의 개발이 급속하게 발달되고 실험된 시기였다.

1935년 영국의 스피크맨(J.P spear man)은 아황산 수소 나트륨을 사용하면 40℃ 정도의 가온에서도 퍼머넌트 웨이브를 얻을 수 있다는 것을 발견하고, 콜드 퍼머넌트 웨이브의 가능성을 더욱 진전시켰다. 이전까지 퍼머넌트 웨이브 조작의 가열 온도는 105~110℃의 높은 온도였지만 실온에서도 퍼머할 수 있는 의미에서 콜드라는 명칭이 붙는 것으로, 결코 차갑게 해서 퍼머를 시술한다는 의미는 아니다. 이것을 계기로 각종 약품에 따른 실온에서 퍼머넌트 웨이브가 형성되고 조작 시간도 그렇게 길지 않은, 소위 콜드 퍼머넌트 웨이브제에 관한 연구와 특허가 많은 사람들에 의해 발표되었다.

퍼머넌트 웨이브의 형성에 필요한 기본적인 요소 3가지가 있다.

첫째, 기본 ----------- 모질
둘째, 선택 ----------- 약제(퍼머넌트 웨이브제)
셋째, 응용 ----------- 기술(와인딩)

첫 번째는 모질이다. 인간의 모발은 개인차가 있고 그것들의 모질이 다르다. 모질을 처리하는 것이 기본으로써 중요한 것이다.

두 번째는 모질에 따라 선택된 퍼머넌트 웨이브 약제이다. 모질과 화학반응을 하는 것이다.

세 번째는 기술(와인딩)로써 모질, 퍼머넌트 웨이브제를 합쳐 퍼머넌트 웨이브를 형성한다.

4-1. 퍼머넌트 웨이브의 원리

1) 모발 결합과 펌의 관계

모발 구조의 물리 화학적 성질에 의해 퍼머넌트 웨이브가 형성된다. 모발은 단백질로 이루어져 있어 아미노산이 연결되어 있는 폴리펩티드 결합을 이루고 있고, 이를 주쇄 결합이라 한다.

폴리펩티드 결합의 측면에는 여러 개의 측쇄 결합이 연결되어 있다. 측쇄 결합의 종류로는 수소 결합, 시스틴 결합, 염 결합, 폴리펩티드 결합 등이 있는데, 그중에서 시스틴 결합은 결합력이 강하고 물리적으로 안정되어 있어 물, 알코올, 약산 등에는 비교적 강한 저항력을 가지고 있으나, 알칼리성을 띠는 화학적인 약제에 의해서만은 결합이 절단되어 단백질 변성이 일어나게 된다. 이를 이용하여 퍼머넌트 웨이브가 형성된다.

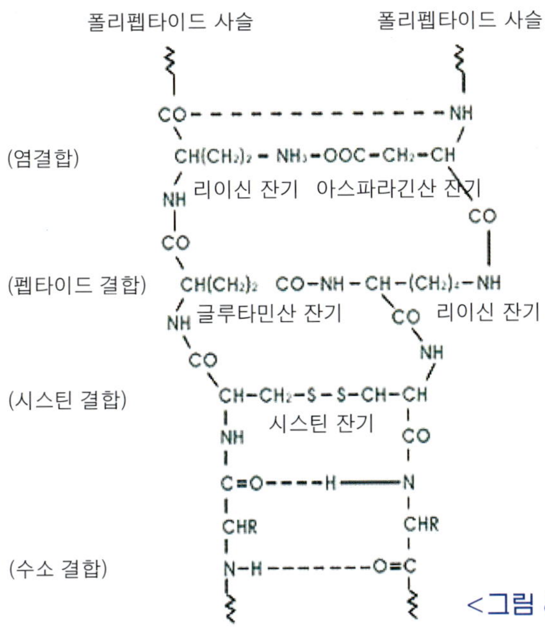

<그림 8-1> 모발 결합

시스틴 결합은 황(S)과 황(S)이 결합되어 있는 결합인데, 알칼리성 물질이 침투되면 시스틴(-S-S-)이 끊어져 시스테인(-HS HS-)이 되어 단백질 변성을 일으키며 모발이 팽윤되고 연화된다.

그러나 끊어진 시스틴 결합은 산화제에 의해 다시 결합을 이루며 원래의 모발 상태로 되돌아간다.

그러므로 퍼머넌트 웨이브용 제품은 제1액과 제2액이 있는데, 제1액은 시스틴 결합을 끊을 수 있는 알칼리성 성질을 갖는 약제를 사용하고, 제2액은 끊어진 시스틴 결합을 복원시킬 수 있는 산화 작용을 할 수 있는 약제를 사용한다.

이러한 화학적 원리에 의해 퍼머넌트 웨이브가 형성된다.

시스틴 결합의 메커니즘(mechanism)

[-S-S-] ⇄ [-HS HS-]

제1액의 산화 작용 (티오글리콘산)

[-S-S-] + $2HSCH_2COOH$ → [-HS HS-] + CH_2COOH-S-S-CH_2COOH

제2액의 환원 작용(산화제 또는 공기 중의 산소)

[-HS HS-] + $NaBrO_3$, $H2O_2$ → [-S-S-] + H_20

4-2. 퍼머넌트 웨이브용 제품의 분류

퍼머넌트 웨이브제는 가장 일반적인 콜드 2욕식 법에 해당하는 제1제와 제2제로 나누어져 있다.

제1제는 환원제로 시스틴 결합을 끊어 모발 구조를 변형시키는 역할을 하고, 제2제는 산화제로 끊어진 시스틴 결합을 다시 재결합시켜 웨이브를 고정시키고 원래의 모발 구조로 되돌아가게 하는 역할을 한다. 제1제의 경우 시스틴 결합을 절단시켜 주는 주제로 티오글리콘산제나 시스테인제제 이외에 알칼리제를 혼합하여 사용하는데, 이들 알칼리제는 모발을 팽윤 연화시켜 모발을 부드럽게 만들어 웨이브의 강약을 조정할 수 있도록 도와준다.

1) 제1제의 종류 (환원제)

(1) 티오글리콘산 및 염류 (Tioglycolic Acid)

강한 환원 작용을 일으키는 물질로 $HSCH_2COOH$의 분자 구조식을 갖는다. 무색의 액체로 물이나 알코올, 에테르와 섞일 수 있고, 시스틴 결합의 -S-S- 결합을 끊을 수 있는 화학 약품으로 퍼머넌트 웨이브의 제1제나 탈모제에 이용되고 있다.

티오글리콘산은 강산으로 사용 시 위험이 초래되지만 알칼리제로 암노니아(NH_3)와 혼합하여 티오글리콘산 암모늄 ($HSCH_2COONH_4$)으로 중화를 시키면 큰 위험은 없다. 그러나 티오글리콘산 암모늄에는 티오글리콘산의 함량이 50% 가량 되므로 피부에 직접적으로 접촉 시 약간의 자극이 있을 수 있다.

티오글리콘산류 약제는 강한 환원력을 가지고 있고, 주로 알칼리성을 띠는 암모니아 용액을 혼합하여 사용한다.

강한 환원력에 의해 시스틴 결합의 절단력은 매우 좋으나, 시스테인류에 비해 모발 손상을 초래할 수 있고, 특유의 냄새와 암모니아

용액의 냄새가 강하다.

모발에 사용하는 티오글리콘산 환원제의 적정 농도는 약2~8%이고, 적정 pH는 4.5~9.6 내외가 사용된다.

최근에는 모발 손상을 최소화 하기 위해 티오류 약제에 천연 아미노산이나 보습제 또는 케라틴 단백질 등을 함유한 제품이 많이 출시되고 있다.

(2) 시스테인류 (Cysteine)

분자식 $C_3H_7NO_2S$ 로 천연 단백질을 구성하는 황(S)을 포함한 아미노산이다. 단백질의 가수분해에 의해 얻어지고, 산화되면 시스틴($C_6H_{12}N_2O_4S_2$)이 된다. 즉 시스틴과 쉽게 산화·환원하여 상호 전환이 쉬운 황함유 아미노산이다. 모발 내에 시스틴을 염산으로 가수분해하여 환원 작용에 의해 시스테인을 얻을 수 있다. 메르캅토(설퍼히드릴, 즉 SH)기를 가진 불안정한 화합물로, 공기 중의 산소에 의해 쉽게 산화되어 다시 시스틴이 된다. 산화되기 쉽기 때문에 산화 방지제인 안정제를 첨가하여 퍼머넌트 웨이브 제1제로 사용한다. 시스테인제제는 일반적으로 알칼리제로 모노에탄올 아민($HOC_2HCH_4NH_2$)이나 트리에탄올아민($HOC_2H_2(NH_2)_3$) 등의 유기아민계의 알칼리성 용액과 혼합하여 사용한다.

모발에서 분리한 천연 시스테인을 비롯하여 합성 시스테인도 많이 사용되고 있는데, 합성 시스테인의 종류로는 L-Cystein, DL-Cystein, 염산 L-Cystein, 염산 DL-Cystein 등이 사용된다.

모발 단백질과 같은 아미노산으로 이루어져 있기 때문에 모발과 친화력이 있어 모발 손상을 줄일 수 있다는 것이 최대의 장점이다. 따라서 모발, 두피, 시술자의 손에 자극을 주지 않으며 모발의 손상이나 변색이 없는 건강한 상태로 웨이브를 형성시킬 수 있고, 퍼머넌트 웨이브 시술 중에 불쾌한 냄새가 거의 없다.

그러나 티오글리콘산류에 비해 환원력이 약하여 웨이브의 강도가 약하게 형성되므로 시술 시 가온 처리를 해줄 필요가 있다. 모발 손상을 최소화시킬 수 있기 때문에 손상 모나 다공성 모 시술 시 사용되고, 세팅 퍼머넌트 웨이브용 제제로도 많이 사용되고 있다.

2) 제2제의 종류(산화제)

(1) 브롬산 염류

브롬산 염류는 강력한 산화제로 제1제에 의해 환원된 모발을 산화제로 산화시켜 본래의 모발 구조로 되돌아갈 수 있도록 중화시키는 역할을 한다. 그 종류로는 브롬산나트륨($NaBrO_3$), 브롬산칼륨($KBrO_3$) 이 있고, 백색의 분말로 냄새가 없다. 브롬산칼륨에 비해서 브롬산나트륨이 용해도가 크고 반응성이 크기 때문에 산화 작용을 하는 제2제로써의 처리 시간을 단축시킬 수 있어 주로 사용되는 경우가 많다.

(2) 과산화수소

과산화수소는 (H_2O_2)는 무색투명하며 약간 시큼한 냄새를 지닌 액체로 분해되면 물과 산소를 생성한다. 강력한 산화력을 가지고 있어 퍼머넌트 웨이브제의 제2제인 산화제로 사용되고 특히 알칼리성 용액 내에서 산화 작용이 활발하다. 산화제 이외에 소독, 살균제 및 표백제로도 많이 이용되고 있다.

퍼머넌트 웨이브제의 산화제로 사용이 될 경우에는 약 2.5% 이하의 농도를 사용하고 산화력이 빠르고 모발의 웨이브 감촉이 부드럽게 된다. 탈색 및 염색에 사용되는 산화제는 약 6~9% 농도를 사용해야 한다.

상처의 소독및 살균제로는 약 3% 이하의 농도를 사용한다. 공업용으로 시판되는 약 30%의 과산화수소는 자극성 및 산화력이 강하여 피부에 접촉 시 피부가 하얗게 되면서 타는 것 같이 따끔거린다.

그래서 고농도의 과산화수소는 독극물로 지정되어 따로 보관하고, 사용 시 주의를 요한다.

3) 첨가제

(1) 침투제

계면 활성제를 첨가하여 약제의 표면 장력을 낮추어 약제가 모발에 도포되었을 때 침투가 빨리 되어 반응 시간이 단축될 수 있게 하는 역할을 한다. 계면 활성제의 종류는 물에 해리되었을 때 친수성기가 갖는 하전에 따라 양이온 계면 활성제, 음이온 계면 활성제, 비이온 계면활성제, 양성 계면 활성제로 나뉠 수 있다.

각각의 특징이 다름에 따라 사용 용도도 틀려지는데 주로 모발 염색제의 침투제로 사용되는 계면 활성제는 양이온 계면 활성제이다. 양이온 계면 활성제는 수용액 중에서 용해되었을 때 친수성기가 양이온의 하전을 띠는 것으로 다른 계면 활성제에 비해 세정성 및 자극성이 약하여 린스제에 첨가된다. 특히 침투제나 유화제, 정전기 방지제, 살균제, 유연제 등으로 사용된다.

양이온 계면 활성제의 종류로는 아민염과 암모늄염 등이 있다.

(2) 유화제

물과 기름처럼 서로 혼합하지 않는 두 액을 혼합하는 것을 유화라고 하고, 에멀젼을 만드는 것으로 유성 성분을 물에 균일하게 혼합하는 기술이다. 유화 제품은 물에 유성 성분이 계면 활성제에 의해 우윳빛으로 백탁화 된 상태의 제품을 말한다. 대표적으로 크림, 로션류 등의 제품들로 퍼머넌트 웨이브 제 역시 크림 및 로션과 같은 에멀젼 상태로 이루어져 있으므로 유화제를 반드시 첨가해 주어야 한다.

(3) 유성 성분

모발에 유분을 공급하여 모발을 보호하기 위해서 첨가하는 성분이다. 동식물성 유지, 왁스, 광물유, 고급 지방산 등으로 그 종류가 매우 많다.

(4) 색제

퍼머넌트 웨이브 제1제나 제2제와 같이 강력한 환원제와 산화제, 그리고 열, 빛, 산, 알칼리 등에 저항력이 있어야 하기 때문에 화장품에 사용할 수 있는 법정 색소 중에서 그러한 저항력을 갖는 색제만이 사용될 수 있어 색제의 사용은 매우 미비하다.

(5) 향료

색제와 마찬가지로 퍼머넌트 웨이브 제1제나 제2제와 같이 강력한 환원제와 산화제, 그리고 열, 빛, 산, 알칼리 등에 의해 향이 변질되거나 향의 지속성이 감소되어서는 안 되는 향료를 선택해야 한다.

(6) 금속봉쇄제

티오글리콘산, 시스테인, 과산화수소 등의 퍼머넌트 웨이브 제1제 및 제2제는 철(Fe), 구리(Cu), 아연(Zn) 등 미량의 금속이 포함되어 있으면 안정성이 떨어진다. 금속 봉쇄제는 철, 구리 등의 금속을 감싸 티오글리콘산, 시스테인, 과산화수소 등이 금속과 반응하지 않도록 해준다. 금속 봉쇄제의 종류로는 EDTA(Ethylene Diamine Tetra Acetic acid) 등이 있다.

[5. 염모제]

모발 염색은 기원전 3000년 전부터 시작되었다. 고대 이집트에서는 흰머리를 감추기 위해서 검은 암소의 피와 거북이 등껍질을 사용했다는 기록이 있다. 미라의 수염이나 모발에서 식물의 잎을 이용하여 염색한 흔적이 있다. 중세에는 안티모니(Artinony), 인디고(Indigo) 등 Henna라는 식물의 잎을 갈아서 뜨거운 물과 향신료, 오일을 사용해 팩을 만들어서 머리에 도포한 후 태양 아래에 앉아서 모발에 색을 입혔다.

헤나는 인도 및 이집트 등에서 자생하는 식물로써 학술명은 로소니아(Lawsonia inermis)라 하고, 그 잎을 갈아서 문신이나 손톱, 모발 염색 등에 사용된 천연 염료이다.

로마 제국의 귀족 여성들도 카모마일(camomile), 염소 기름 혹은 가성소다를 이용해 염색 및 탈색을 하는 것이 유행하였다. 염색제로는 감귤 · 호두 등에서 짜낸 즙액을 19세기 중반까지 사용하였다.

본격적으로 모발 염색이 미용의 한 부분으로 차지하게 된 시기는 19세기에 들어서면서 부터이다.

1818년에 과산화수소를 발견하여 1863년에 호프만(hofmann)이 처음으로 산화에 의해 발색된다는 사실을 언급 하였다. 1925년 산화염료를 주 원료로 하는 염색약들이 개발되기 시작하여 염색법이 첫 발을 내디뎠다

오늘날 일반적으로 쓰이는 산화 염료는 1883년 하우스만(Haussman)에 의해 합성된 파라페닐렌디아민(paraphenylene diamine)으로 이때부터 인공 합성 염모제의 발전이 가속화되었다. 한국에서는 주로 옻칠을 주 원료로 하여 만든 염색제로써 거의가 흰머리를 검게 물들이는 데 사용하였으나, 오늘날에는 텔레비전에 출연하는 배우들 사이에 카메라의 효과를 높이기 위해 탈색이나 염색으로 모발색을 다양하게 변화시키는 풍조를 일반 여성들도 따르고 있다. 특히 1970년대에 들어와서는 화장이나 의복의 색채가 풍부해짐에 따라 모발의 염색이 널리 보급되었다.

5-1. 모발 염색의 정의 및 분류

1) 모발 염색 · 탈색의 정의

모발 염색은 모발의 색을 변화시키는 것으로 처음에는 주로 흰 모발을 감추기 위해서 많이 사용되었으나 이후 의상과 메이크업, 이미지 메이킹, 분위기에 맞는 모발 염색을 갖추어 미용 분야의 기본 시술로 자리 잡고 있다.

모발 염색은 헤어 틴트(hair tint)라고 하고, 헤어 틴트 외에 헤어 컬러링(Hair coloring), 헤어 다이(Hair dye)라고도 한다.

모발 탈색이란 모발의 자연 색소나 인공 색소를 빼내어 본래의 모발 색 또는 인공 염색된 모발 색보다 모발 색을 옅게 변화시키는 것으로 헤어 블리치(hair bleach)라고 한다.

이들 모발 염탈색은 미적 욕구 및 성적 매력 욕구를 충족시키기 위해서, 그리고 헤어 디자인에 입체감 등을 부가적으로 표현할 수 있어 자신만의 개성 표현이나 이미지의 변화 또는 토털 미용의 완성도를 높일 수 있는데 그 목적이 있겠다.

2) 모발 염색의 분류 및 종류

모발 염모제는 침투도에 따라 일시적인 것과 반영구적, 영구적인 것이 있다.

(1) 일시적 염모제

모발 표면에 일시적으로 색을 칠하는 개념으로 비산화염모제로써 모발의 모표피에만 염모제가 입혀지는 것이다. 모발 표면에 잘 달라붙도록 입자 크기가 작은 성분이어야 하고, 물에 의해 씻겨질 수 있도록 수용성 성분의 것이어야 한다. 사용이 용이하여 그때그때 필요한 색상을 염색할 수 있으나, 퇴색이 빠르고 한번의 샴푸에 의해서 바로 염모제가 모발에서 제거된다.

1 장점

모발의 구조를 변화시키지 않으면서 염색을 할 수 있어 모발의 손상이 적다. 염색모 또는 탈색한 모발에 하이라이트를 주고 싶을 때 등의 염색 변화가 다양하다. 일시적으로 원하는 다양한 모발 색을 표현할 수 있고 샴푸에 의해 바로 제거할 수 있다.

2 단점

색의 지속력이 짧고 염색이 고르지 못하여 얼룩이 질 수 있다.

옷 등에 묻어나고 수분에 의해 염색이 흘러내린다.

3 종류

분자 크기가 매우 작은 염료인 2-아미노-4-니트로페놀(노랑), 1,4-디아미노 안트라 퀴논(보라색), 로손(적황색) 등이 있다.

① 컬러 린스 : 염모제가 혼합되어 있는 린스로 샴푸 후 사용하여 모발 표면에 착색을 시킨다.

② 컬러 스프레이 : 헤어 스프레이 등에 염모제가 혼합되어 있는 것으로 분무식 착색제이다.

③ 컬러 스틱(컬러 크레용, 크레용 코스메틱) : 염모제와 합성 왁스 등을 혼합한 막대 모양의 것으로 원하는 부위에 칠하여 사용하고 주로 새로 자라난 모발의 부분 수정에 이용한다.

④ 컬러 크림 : 구리 · 알루미늄 등의 금속성 염모제 분말에 크림을 섞어서 칠하는 것이다.

(2) 반영구적 염모제

물에 대한 용해도가 상대적으로 낮은 염색 용액을 사용한다. 머리카락 내부로 침투한 염료 분자가 케라틴 분자 속에 잡혀 있어 밖으로 빠져 나가지 못하고 오랫동안 남아있을 수 있는 염료를 사용한다. 그러면 침투는 가능한데 어떻게 다시 빠져나가지 않는다는 말인가에 대한 의문이 생길 것이다. 모발 염색약은 보통 2 개의 튜브로 구성되어 있다. 한 튜브에는 무색의 1차 화합물과 2차 화합물(짝지음제)이 섞여 있고, 다른 튜브에는 산화제인 과산화수소가 들어 있다.

산화제와 기타 화합물은 머리에 바르기 직전에 혼합한다. 1차 화합물과 2차 화합물은 분자의 크기가 작아 모발 단백질 깊숙이 침투해 들어 간다. 산화제인 과산화수소가 1차 화합물을 모발 단백질 속에서 산화시키고, 생성된 산화물은 다시 2차 화합물과 짝지음 반응을 하여 색깔을 띤 커다란 분자로 변한다. 이렇게 케라틴 단백질 속에서 새롭게 생긴 커다란 염료 분자는 머리카락 밖으로 빠져나가기 어렵기 때문에, 모발을 여러 번 감아도 씻겨 나오지 않는 것이다.

물론 산화 반응과 짝지음 반응이 완전하지 못하면 염색이 오래가지 못한다. 다시 말하면 머리를 염색한다는 것은 머리카락이라는 반응용기 속에서 화학 반응을 통해 염료가 머리카락 밖으로 빠져 나오지 못하게 하는 합성 과정이라고 말할 수 있다. 물론 사용한 1, 2차 화합물의 종류에 따라 최종 염료의 색깔, 즉 염색한 머리 색깔이 달라지게 될 것이다.

반영구적 염모제는 비산화 염모제로써 주 성분은 타르계 색소와 트리트먼트이며, 염착 원리는 모발의 이온 결합과 열에 의한 산성 컬러이다. 한번의 샴푸로 제거되지 않고, 보통 2~6주 정도 지속되며, 샴푸 시마다 조금씩 씻겨지면서 제거된다. 반영구적 염모제의 인공색소는 일시적 색소와 영구적 색소의 중간 크기로 모발 케라틴과의 친화력이 좋아 모발 결합 구조를 변형시키지 않으면서 모표피층 안으로 침투된다. pH 3~7의 범위를 가지므로 모발 구조에 변화를 주지 않으면서 원하는 색을 표현할 수 있어 산화제가 필요없다.

1 장점 및 단점

시간이 지남에 따라 염색 시술 전 본래의 모발 색을 되찾을 수 있다. 영구적 염모제에 비해 지속력이 짧은 단점이 있으나 모발의 색을 단기간 동안 변화시킬 수 있다. 모발 케라틴 구조에 영향을 주지 않으면서 약간의 흰 머리를 감출 수 있다.

(3) 영구적 염모제

모발 염색법 중에서 가장 널리 쓰이고 있는 영구적 모발 염색은 모발의 표피 큐티클층을 뚫고 들어가 모피질 내에 있는 단백질 결합를 변형시켜 염색 효과를 나타낸다. 염색 용액이 모발의 표피를 녹이고 내부로 침투하는 과정에서 모발에 상처가 날 수도 있다.

영구적 염색은 모발의 특성, 염색 시간, 온도 등에 따라 차이가 난다. 예를 들면 굵고 질긴 모발 또는 프로세싱 온도가 낮을 때는 염색시간이 길어야 염색이 더 잘된다. 그리고 산화제의 양은 탈색 정도와 관련이 있기 때문에 원하는 모발 밝기에 따라 조절해야 한다.

영구적 염모제는 알칼리 컬러로 착색력이 매우 강하고 자연 모발색을 영구적으로 변화시키는 산화 염모제이다. 영구적 염모제는 모표피를 통과해 모 피질까지 침투함으로써 모발의 색상을 변화시키면서 염색을 한다.

제1제인 염모제는 모 표피층의 큐티클층을 열어 침투한 후 색을 입히고 제2제인 산화제는 산소를 발생하며 모 피질에 있는 멜라닌 색소를 탈색하여 제1제의 색을 발색시키고 염색의 진행을 돕는다. 즉 가장 일반적으로 사용되는 유기 합성 염모제는 산화 염모제라고도 하며, 산화제와 염모제의 결합에 의해서 염색이 진행된다.

1 장점

모발 색을 원하는 어떤 색으로도 염색이 가능하고, 흰머리를 완전히 감출 수 있다.

일시적 · 반영구적 염색보다 자연스러운 색상을 나타낸다.

2 염색 원리

제1제는 알칼리 성분으로 모발의 팽윤을 도와 모 표피의 큐티클층을 열어 원하는 색상을 침투시켜 표현한다. 제2제는 약 6%의 과산화수소를 사용하여 과산화수소 분해 반응으로 인해 생기는 산소의 작용에 의해 원래 모발의 멜라닌 색소를 탈색시키고 불용성의 색소를 형성시켜 제1제의 색을 발색시킨다.

① 제1제 : 산화 염료와 알칼리제 등이 혼합되어 있다. 이때 염료는 주로 파라페닐렌 디아민 계의 유기 합성 염모제를 사용하는데 최근에는 천연 염색의 부흥으로 식물성 염모제인 헤나를 이용한 염모제가 각광을 받고 있다. 알칼리제로는 암모니아나 수산화나트륨 메칠렌아민 등을 주로 사용한다.

② 제2제 : 산화제로 과산화수소를 많이 사용한다. 과산화수소의 농도에 따라서 탈색 및 발색의 정도가 달라진다.

3 종류

① 유기 합성 염모제 : 산화 염료를 이용한 가장 대표적인 염모제이다. 산화 염모제에 사용되는 산화 염료는 색소가 되기 이전의 작은 분아의 염료 중간체이고 모발의 모 피질 및 모 수질층에 침투하여 그곳에서 산화되어 색을 발한다. 색상의 종류가 매우 다양하고 사용이 용이하나 모발 내부 깊숙이 침투되기 때문에 모발 손상을 초래하고 두피에 대한 자극을 초래하기도 한다. 가장 대표적인 성분은 파라페닐렌 디아민계이다.

② 식물성 염모제 : 식물의 꽃, 열매, 뿌리 등의 색소를 이용한 것으로 산성 용액에서 색소가 케라틴을 염색시킬 수 있는 원리를

이용한 것이다. 식물성 염모제는 헤나가 대표적인 것으로, 헤나의 잎과 카모마일의 꽃을 원료로 한 염모제가 있다. 그러나 헤나는 모발이 상하지 않으나 빛깔이 적갈색에 한정되고, 사용할 때 손과 의복에 물드는 것이 단점이다. 식물성 염모제는 천연의 자원으로 독성과 자극성이 없어 안전하지만, 그 색이 한정되어 있다는 것과 원하는 색을 조합하여 발색시키는 것이 힘들다는 단점이 있다.

③ 광물성 염모제 : 광물성 염모제는 금속의 화합물을 사용하여 금속과 케라틴을 반응시켜 머리카락의 케라틴(keratin) 분자 중 시스틴(cystine) 결합이 분리되고 금속염이 들어가게 된다. 금속의 종류에 따라 독성과 자극성이 강한 것이 있다. 광물성 염모제는 일반적으로 색조가 단조롭고, 금속 성분이 모발 중에 남아 있기 때문에 금속 특유의 둔탁한 광택이 발한다. 또한 모발의 구조 자체를 변화시키고, 모발을 손상시키고, 퍼머넌트웨이브 용제의 작용을 저해하여 퍼머넌트웨이브가 잘 나오지 않는 등의 단점이 있어 현재는 거의 사용되지 않고 있다.

<표 8-1> 염모제의 구성 성분 및 역할

제1제

구 성	역 할
색제	산화 염료/중간체, 조색제, 직접 염료 등에 의한 염료 집합체, 현재 50여 종의 염료가 있고 하나의 제품에는 복수의 염료가 합쳐서 사용되고 있다.
알칼리제	알카리성에서 약산성까지의 제품이 있고 일반적으로 모발에 잔류하기 힘든 암모니아 수가 0~15%의 농도로 포함되어 있다.
컨디셔닝제	모발의 손상을 방지하기 위해 유분과 케라틴, 실리콘의 유도체 또는 접착성을 높이기 위한 성분이 배합되어 있다.
유화제	유지류와 계면 활성제에 따라 유화시켜 크림을 만들 수 있다. 모발의 보호 효과가 높아서 액상보다는 크림 타입이 많이 사용되고 있다.
안정제 및 산화 방지제	산화 염료가 보존 중에 약화되지 않도록 사용된다.
향료	약품 냄새와 암모니아 냄새를 막아준다.

제2제

구 성	역 할
산화제	과산화수소, 한국에서는 6%까지 배합이 인정된다. 산화 염료를 산화시켜 발색시키는 것과 모발의 멜라닌 색소를 분해하고 탈색시킨다.
pH조절제	과산화수소는 pH가 높으면 불안정하게 분해하기 쉽고 제품을 보존하기 위해서는 산성으로 해서 안정되게 한다. 약 pH 2~3을 유지하게 한다.
유화제	계면 활성제를 첨가하여 유화 작용을 하게 한다.
안정제	페네세틴이 과산화수소의 안정제로 사용한다.

3) 탈색제의 종류

본래의 모발인 자연 모를 인위적으로 밝게 하는 작용을 탈색(Hair bleach)이라 한다. 모발의 멜라닌 색소는 모 피질 내에 함유되어 있는데 멜라닌 색소는 알칼리, 산, 산화제, 환원제 등의 약품에 의해 분해되어 색을 잃는 성질이 있다. 탈색은 제1제인 알칼리제에 의해 모발을 팽윤 · 연화시켜 모 피질 속으로 약제가 침투시킬 준비를 하고 제2제인 과산화수소에 의해 산화작용을 하여 멜라닌 색소가 분해된다.

제1제 | 알칼리제 : 암모니아, 모노에탄올 아민
제2제 | 산화제 : 과산화수소

(1) 액상 블리치

모발에 대한 탈색 작용이 빠르고 탈색 진행 정도를 관찰하면서 시술할 수 있다. 그러나 탈색의 정도가 심하게 되는 경우가 발생할 수 있다.

(2) 호상 블리치(풀의 형태)

시술 도중에 과산화수소가 건조될 염려가 없다. 모발의 탈색 진행 정도를 알기가 어렵다.

※ 염색 · 탈색 시 주의 사항

유기 합성 염모제와 탈색제는 산화제나 알칼리제, 그리고 염모제 자체의 독성에 의해 모발 및 두피 손상을 일으키기 쉽다. 특히 파라페닐렌디아민계의 유기 합성 염모제는 알레르기성의 접촉성 피부염등을 일으키기 쉽다. 알레르기성 피부염은 그 물질에 항체가 생기기 쉬운 소수의 특정인에게 생기고 처음 시술시에는 피부염이 생기지 않았던 염모제라 하더라도 그 이후에 피부염이 생길 수가 있다. 그러므로 유기 합성 염모제를 사용할 때에는 사용하기 전에 반드시 팔꿈치 안쪽이나 귓불 뒤에 소량의 머리 염색제를 바르고 24시간 후에 피부의 염증 유무를 조사하는데, 이것을 패치 테스트(patch test)라 한다. 이상이 있을 때는 염색을 하지 않는다. 두피에 질환 · 상처가 있을 때나 모발이 손상되어 있을 때도 염색을 해서는 안 된다.

[6. 헤어 스타일링제]

스타일링제는 원하는 헤어 연출을 하기 위한 과정 중의 시술 작업(processing)을 돕기 위해 사용되고, 또한 연출된 헤어 스타일을 고정하기 위한 마무리 작업(finishing)을 위해 필요로 되어진다. 그 종류로는 헤어 크림, 헤어 오일, 헤어 리퀴드 등의 정발제와 헤어 스프레이, 헤어 젤, 헤어 왁스 등의 정발 세팅제 등으로 매우 많은 종류가 있다.

헤어 스타일링제의 구성 성분은 주로 모발의 광택 및 유연성을 부여해 주기 위한 원료가 주 성분인데, 수용성 고분자나 점도가 낮은 유지류 등이 주로 사용되고, 유성 원료의 경우 광택성은 좋으나 사용 후 샴푸가 잘 되지 않고, 모발이 서로 엉키게 되기 때문에 잘 사용하지 않는다.

분사용 제품인 헤어 스프레이나 헤어 무스의 경우 분사제가 포함되어 있어야 그 기능을 발휘할 수 있다. 분사제로 액화가스를 사용한다. 액화가스는 실온에서는 기체 상태이나 압력이 가해짐에 따라 쉽게 액화하는 것으로서 밀폐된 용기 안에 액체와 기체가 공존하여 일정한 압력에 의해 내부 내용물이 분사되도록 해주는 것이다.

액화가스의 종류로는 액화석유가스와 디메칠에테르, 프레온 등이 있고 액화석유가스와 디메칠에테르 모두 가연성이 있으므로 사용 및 보존 시 주의를 요하고, 사용 후에는 구멍을 뚫어 남아 있는 가스를 모두 배출시켜 버려야 한다. 프레온가스의 경우 오존층을 파괴하여 지구 환경을 위협하는 가스로 국외 및 국내 사용이 금지되어 대체 가스의 사용을 하고 있다.

<표 8-2> 스타일링 제품의 주 원료 및 성분

원료 분류	원료 성분	사용 제품
고형 유지 및 왁스	바세린, 칸데릴라 왁스, 목납	포마드
계면 활성제 수용성 고분자	폴리옥시프로필렌부틸에테르, 옥시에틸렌, 올레일에테르, 폴리옥시프로필렌, 프로필렌글리콜, 모노부틸에테르	헤어 리퀴드(이외의 모든 스타일링 제품)
저점도 유지류	피마자유, 올리브유, 유동파라핀유 스쿠알렌	헤어 오일 포마드
수용성 고분자	폴리비닐피롤리돈	헤어젤
알코올 용해성 수지	아크릴수지 아르카놀아민액, 이소프로필메칠페놀, 에탄올 가용성 폴리펩티드, 에탄올	헤어 스프레이 헤어 무스

7. 육모제

최근에는 과도한 스트레스와 더불어 환경적 요인, 식생활의 변화, 병적 원인 등으로 인한 탈모로 고생하는 남성 및 여성들이 증가하고 있다. 육모제는 탈모를 방지하고 더불어 육모 효과를 기대할 수 있는 것으로 화장품의 범위에서 벗어나 치료를 목적으로 하는 경향을 갖기 때문에 약사법상 의약외품 또는 의약품에 속하는 제품으로 분류된다. 여러 가지 원인으로 인하여 탈모 현상이 나타나는데 탈모는 모유두를 비롯한 모모세포 및 모낭 주위의 혈액순환 감소로 인하여 모모세포를 비롯한 이들의 작용이 활발하지 못하여 신진대사 기능이 저하됨으로써 생긴다. 그리고 남성호르몬의 과잉 분비로 인하여 피지선이 발달되어 피지의 과잉 분비로 인해 모공이 막힘으로 인한 신진대사 이상이 생기기도 한다.

육모제는 제품 속에 혈액순환을 촉진시키고 세포들의 활동을 돕고, 피지 분비를 억제시키고 살균 및 항염 작용 등의 역할을 할 수 있는 성분들을 함유하고 있다.

<표 8-3> 욕모제의 성분

작 용	유효성분
혈액순환 촉진 모모세포 생성(모낭 활성화)	비타민 E 유도체, 미녹시딜, 판테놀(비타민 B_5 복합체), 펜타테칸산 글리세린
각질 용해	살리실산, 유황
항염 작용	알란토인, 글리칠리친산디칼륨
피지 분비 억제	염산피리독신
살균	염화벤잘코니움, 이소프로필메칠페놀
청정 및 보습 작용	멘톨, 글리세린, 솔비트
기타	생약 성분

CHAPTER 9 방향 화장품

[방향 화장품]

향이란 휘발성 물질이 발산될 때 후각 신경이 자극을 받아 느끼는 냄새 중 인간에게 유익하게 이용되는 것을 말한다. 냄새를 내는 물질의 종류는 200만 종 이상이 알려져 있지만, 이중 인간이 느낄 수 있는 것은 약 40만 종 정도이다.

[1. 향수 (perfume) 의 기원]

향수는 영어로 퍼퓸(perfume), 프랑스어는 파르팽(parfum)이라 부르는데, 이 말은 라틴어의 perfumum, 즉 per(through라는 의미)

와 -fume(smoke라는 의미)의 합성어로 '연기를 통하여' 라는 뜻에서 유래되었다. 인류에게 향은 종교 의식과 결부되어 고대 인도에서 처음으로 이용되었는데, 향나무 등을 태워 나는 연기가 향수의 시초라 볼 수 있다.

1-1. 향수의 발향 단계에 의한 분류

(1) 탑 노트 (top note)

향수 용기를 개봉했을 때나 피부 등에 뿌린 후 처음 냄새를 맡았을 때 느껴지는 첫 느낌으로 휘발성이 강한 향료들로 이루어져 있다. (시트러스, 그린)

(2) 미들 노트 (middle note)

탑 노트가 서서히 사라질 무렵에 느껴지는 중간 단계 향으로 알코올이 날아간 다음 나타나는 향취로 대부분 꽃 향과 과일 향들로 이루어져 있다. (플로럴, 프루티)

(3) 베이스 노트 (base note)

베이스 노트는 향기의 마지막 발향 단계로 향의 기본적인 성격과 지속성으로 향수의 품질을 결정한다. 시간이 지난 뒤 자신의 체취와 섞여서 나는 향취로 주로 휘발성이 낮은 향료들로 이루어져 있다. (무스크, 우디)

1-2. 향수의 부향률에 따른 분류

(1) 퍼퓸(perfume)

일반적으로 말하는 향수이다. 15~30%의 향료를 함유하고 있어 향수 중에서 가장 농도가 강해 향수로써의 풍부함이 가장 많고 지속 시간이 약 6~ 7시간이다. 조향사가 표현하고자 하는 이미지를 가장 순수한 이미지로 완벽하게 만들어 낸 제품으로 손꼽히며 예술품에 비유되기도 한다. 향이 매우 강하므로 소량을 포인트에만 사용하는 것이 좋다.

(2) 오드퍼퓸 (eau de perfume)

9~12%의 향료를 함유한 제품으로써 퍼퓸과 오드뚜일렛(eau de toilet)의 중간 타입이며 퍼퓸에 가까운 취각적인 풍부함이 있는 것으로 퍼퓸보다는 강도가 조금 낮아 부담이 덜한 제품이다. 지속 시간은 5~6시간 정도이다.

퍼퓸보다 양은 많으면서 향은 퍼퓸에 가까우므로 실용적이다. 특히 오드퍼퓸은 단순히 향수의 농도를 엷게 한 것이 아니라 나름대로 가장 아름다운 향조로 조정되어 있다. 낮에 외출 시 사용하기 적당한 제품이다.

(3) 오드뚜일렛 (eau de toilet)

6~8%의 향료를 알코올에 부향시킨 제품으로써 오드퍼퓸과 오드코롱의 중간 타입이며 지속 시간은 3~5시간이다.

엷은 향을 띠고 있지만 신선하고 상큼한 감각과 향수의 지속성 2가지를 즐길 수 있는 장점이 있다.

가벼운 느낌으로 간편하게 전신에 뿌릴 수 있어 현재 가장 많이 애용하고 있으며 사무실에서 사용하기 적당하다.

(4) 오드코롱 (eau de cologne)

3~5%의 낮은 함량의 향료를 함유하고 있어 목욕이나 샤워 후에 사용한다. 은은하면서도 산뜻하고 상쾌한 느낌을 유지하며 몸의 악취를 제거해 주는 가볍고 신선한 타입의 바디 방향 제품으로 향취에 익숙하지 못한 사람들에게 특히 부담 없이 사용할 수 있는 제품이다.

1-3. 향취 타입에 따른 분류

(1) 스파이스 (spicy)

처음 맡았을 때 향취가 자극적이며 샤프하다. 계피, 정향나무, 너트맥, 후추 향을 연상케 하는 매콤한 향을 말한다. 남성 향수에 많이 사용되며 생강, 바닐라, 카네이션, 라벤더에 많이 함유되어 있다. 프로럴이나 맴버, 또는 우디 계열의 향을 깊게 해주는 데 사용된다.

(2) 프로럴 부케(floral couquet)

여러 가지 종류의 꽃들이 내뿜는 복합적인 꽃향기로 로맨틱하며 꽃다발을 안고 있는 듯한 화려하면서도 우아한 향을 말한다.

모든 향수에는 이 프로럴 부케가 들어 있다고 해도 과언이 아닐 정도로 이 향취는 향수의 감초라고 할 수 있다.

꽃의 향을 지닌 프로럴 부케는 장미, 재스민, 백합 등 향기로운 꽃 냄새를 나타내는 말이다.

(3) 싱글 프로럴(single floral)

백합이나 라일락, 치자나무, 이동덩쿨 등과 같은 한 종류의 꽃 향이 강하게 나타나는 것으로 향긋하고 단순하며 청순하고 부드러운 느낌의 향취이다.

(4) 푸루티(fluty)

레몬 라임, 오렌지 같은 신선함과 복숭아, 살구, 딸기 등의 과일이 달콤하게 익은 냄새가 함유된 신선하고 깨끗한 향이다.

(5) 프로럴 알데히드(floral aldehyde)

프로럴 향취에 알데히드(확산성이 매우 강하며 샤넬 NO.5가 대표적)가 조화된 향취로 화려하면서도 환상적이다.

(6) 모던(modern)

합성 향취를 기본으로 지상에 존재하지 않는 향기를 조향사가 개발해 낸 향이다. 트랜드한 상품을 목적으로 하는 향수 제품에 많이 응용되어 이용된다.

(7) 우디(woody)

나무껍질이나 향목 등의 향으로 은근한 냄새가 난다. 원료는 샌들우드, 파출리, 목단 등이다. 뿌리 냄새를 합친 목재 냄새라고 생각하면 된다.

(8) 오리엔탈(oriental)

동양의 신비로움을 간직한 오리엔탈 노트는 동물의 향조 위에 바닐라 향의 화장 성분으로 그 향을 낸다.

(9) 시트러스(citrus)

상큼하고 상쾌한 감귤류의 향을 낸다. 새콤달콤한 감귤류는 휘발성이 강해서 보통 탑 노트에 속한다.

(10) 그린 (green)

풀이나 젖은 나뭇잎에서 느낄 수 있는 싱그러운 향취이다.

늦은 봄에 막 베어낸 상큼한 풀잎 냄새의 그린 향이라 할 수 있다.

(11) 허벌(herbal)

식물의 향취로 자연에서의 Green, Spicy, Floral 등의 복합적인 향취이다.

(12) 시프레(chypre)

떡갈나무에 서식하는 오크모스를 기조로 하여 베르가못의 악센트가 조화를 이룬 향기로 화려하고 개성 있는 여성스러움을 느끼게 한다.

1-4. 향취 느낌에 따른 분류

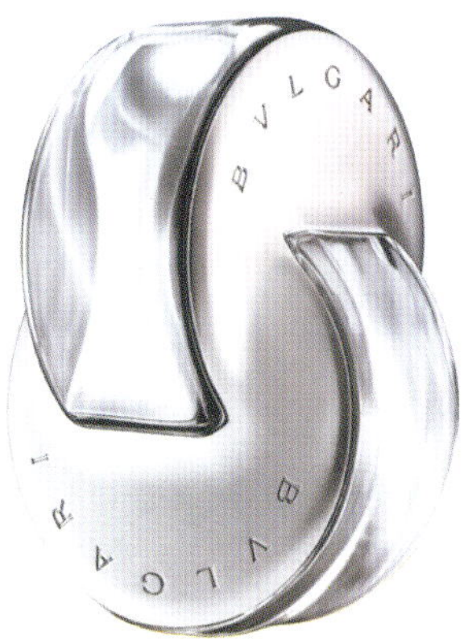

(1) 클래식(classic)

고전 문학이나 고대 건축, 고대 예술 등에서 느껴지는 것과 같은 특성을 가진 향취이다. 우디(woody), 오리엔탈(oriental) 등이 이에 속한다.

(2) 라이트(light)

향취의 느낌이 풍요롭고 감미롭다.

(3) 리취(rich)

깊은 맛이 있고 풍요로움이 있는 향취로 음악으로 표현하면 심포니 오케스트라와 같은 느낌의 향취이다. 프로랄 알데히드(floral Aldefyde)가 이에 속한다.

(4) 샤프 (shaep)

개성적이며 강하게 퍼지는 자극성 있는 느낌의 향취이다. 스파이스(spicy), 우디(woody) 등이 있다.

(5) 드라이(dry)

파우더에서 느껴지는 건조하고 먼지가 일어나는 듯한 향취로 건조한 나무이끼 등에서도 느낄 수 있다.

(6) 벨베티 (velvty)

촉감이 매끄럽고 부드러운 벨벳같이 거친 맛이 없고 부드러운 느낌의 향취이다.

(7) 비터(bitter)

쓴맛을 연상하듯 톡 쏘는 느낌의 향취이다.

2. 향수의 제조법

조향 향료를 에탄올에 용해시킨 후 냉암소에 저장하여 일정 기간 숙성 시켜 여과하여 제조한다.

① 조향 향료의 선택 및 배합

② 에탄올의 선택 ③ 숙성 조건 고려(온도, 빛, 시간)

향료는 빛과 산소에 민감하여 향의 변화를 일으키기 쉽다. 숙성 기간 중에는 빛과 산소를 차단한 용기에 담아 온도 변화가 없는 냉암소에서 약 6~12개월 정도 보관한다.

3. 향수의 기본 원료

(1) 테르펜류

각종 식물에서 얻어지는 유기 화합물로 알코올, 알테히드, 에스테르, 락톤 등이 있다.

(2) 벤제노이드

벤젠 고리를 포함한 방향족 화합물로 벤젠, 나프탈렌, 안트라센 등이 있다.

(3) 지방족 성분

직선 사슬을 갖는 유기 화합물로 낮은 농도에서도 강한 향을 발산한다. 알데히, 알코올, 에스테, 케톤, 락톤 등이 있다.

(4) 향료 추출법

향수에 사용되는 향은 동식물에서 얻어진다. 향을 얻어내는 방법은 다음과 같이 다양하다.

1 증류법(distlation)

잎, 꽃, 수간, 뿌리 등에 함유되어 있는 정유를 채취할 때 이용하는 방법이다. (즉 박하유, 장미유, 등화유(橙花油) 등은 수증기를 뿜어 넣어 증유하여 유출된 수분으로부터 정유를 분리시키는 방법)

② 냉침법(enfleurage)

동물 기름과 꽃잎을 섞어 놓아 꽃의 향이 동물 기름에 스며들게 한 후 이 기름을 에탄올로 추출하여 정제된 향을 얻는다.

③ 온침법(maceration)

가열 용융시킨 정제 동물 기름에 꽃잎을 가하고 가열 교반하여 꽃의 향을 동물 기름에 흡수시킨 후 냉침법과 동일하게 처리한다.(concrete or Absolute)

④ 용매 추출법(solvent extraction)

유기 용매(벤젠, 에테르, 에탄올 등)에 꽃잎이나 잎사귀, 이끼 등을 넣어 왁스 형태의 물질을 얻는다. 이때 왁스에 에탄올을 가하여 에탄올에 녹는 물질만 다시 추출한다.

⑤ 압착법(expression)

레몬, 감귤, 베르가모트, 그레이프후르츠 등의 껍질을 압착하여 정유(essential oil)를 얻는다.

⑥ 침출법(exsudation)

식물의 뿌리 또는 가지에 상처를 내어 흘러나오는 수액을 받는다.

⑦ 침적법(infusion)

사향, 영묘향, 앰버 등을 알코올에 담가 우려낸다.

4. 향료

1) 천연 향료

천연 향료란 천연의 동식물을 공급원으로 하고, 그들에 함유되어 있는 유향 성분을 수증기 증류, 추출 등의 물리 · 화학적인 처리에 의하여 뽑아낸 것이다.

(1) 동물성 향료

동물성 향료는 동물의 분비물이나 병적인 결석에서 추출된 것이다. 티베트, 히말라야, 중국 서부에서 서식하는 사향사슴의 생식선낭을 잘라내어 건조시킨 사향(麝香, musk), 에티오피아 등 아프리카의 적도 지방에서 사는 사향고양이의 자웅 양성의 분비선낭에서 얻은 영묘향(靈猫香, civet), 비바의 생식선에 따라서 존재하는 분비선낭을 잘라내어 건조시킨 해리향(海狸香, castoreum), 향유고래의 장내에 병적으로 생긴 결석인 용연향(龍涎香, amber-gris)의 4종이 통상 사용된다.

천연의 동물성으로부터 향 성분을 수증기 증류, 추출 등의 물리 화학적인 방법으로 처리하여 얻어낸다. 동물성 향료의 역사는 오래되었으며, 사향이나 용연향을 장미수에 가하는 방법이 10세기경 아라비아에서 개발되어 십자군 등을 통하여 유럽에 전해져 동양적인 특징(신비적인 무드)이 있는 향수로써 유럽 여러 나라에서도 진귀하게 여기게 되었다.

(2) 식물성 향료

식물성 향료는 식물의 꽃, 과실, 종자, 잎, 수간(樹幹), 수지(樹脂),

뿌리, 전초, 이끼 등에서 얻는다. 채향 부위를 보면 꽃, 가지, 잎, 줄기, 나무껍질, 열매, 종자, 식물 전체(이끼류), 풀(초) 등이 있다. 성분으로는 식물체 내에 함유된 정유가 향료의 주체로 되어 있다.

2) 합성 향료

(1) 추출 향료

(2) 합성 향료

합성 향료는 각각 고유의 휘발도 향기의 질, 강도, 확산성, 용해성을 갖고 있으며 같은 합성 향료라 하더라도 출발 물질, 제법, 순도 등에 향기가 다르다. 합성 향료는 대량 생산이 가능하고, 품질과 가격 및 공급량이 안정하다.

(3) 조합 향료

천연 또는 합성 향료를 서로 섞어 필요로 하는 냄새가 나도록 만든 것으로 사용 목적에 따라 향료 소재의 종류, 배합법 등이 다르며 채내로 들어가는 식품 향료(flavor)와 그렇지 않는 향료(compound perfume)로 나뉜다.

향의 조합을 통해 우수한 향을 만드는 데에는 기억력, 인내력, 예술적 감각 등이 있어야 한다. 식품 향료의 조합을 전문적으로 하는 사람을 플레리버리스트(flavorist), compound perfume을 조합하는 사람을 조향사(perfumer)라 부른다.

5. 향수의 사용법과 보관법

1) 기본적인 향수 사용법

향은 아래에서 위로 발산되므로 체온이 높고 맥박이 뛰는 곳일수록 그 사용 효과가 좋다. 따라서 무릎이나 복사뼈, 스커트나 바지의 밑단 등에 사용하면 은은한 향을 느낄 수 있게 된다.

또한 한두 방울 손끝에 살짝 묻혀 귀 뒤, 손목, 목 뒤, 관자놀이, 팔꿈치 안쪽, 발목, 무릎 뒤 등에 사용하며 이 부분은 신체의 다른 부위보다 온도가 높아 향력을 증가시킨다고 한다. 민감한 피부 타입인 경우 향수 사용이 꺼려지게 되는데, 이 때는 직접 피부에 사용하지 말고 브래지어 속이나 매일 갈아입는 속옷에 향수를 묻힌 솜 또는 거즈를 넣어 사용하면 안전하다. 또한 지성 피부 타입일 경우는 복합적인 향보다는 단순한 향을, 강한 향수보다는 오드코롱을 사용하는 것이 좋다. 건성 피부 타입일 경우는 지성 피부 타입만큼 오래 향이 남지 않는 편이므로 더 자주 사용하든지 또는 향수를 사용하기 전에 바디오일이나 로션을 사용하여 지속성을 더해 주는 것이 좋다.

2) 연령별 향수 사용법

(1) 18세 미만(여성)

가볍고 달콤함 시트러스계와 심플 프로럴 (simple floral) 등이 잘 어울린다.

(2) 19 ~ 25세(여성)

프로럴 부케와 그린 프로럴 등 상쾌하면서도 우아한 분위기를 갖는 향을 선택한다.

(3) 26 ~ 40세(여성)

차분하고 여성다운 향을 선택하도록 한다. 낮에는 프로럴 부케를 밤에는 시프레가 적당하다.

(4) 40세 이상(여성)

시프레와 오리엔탈 등 여성다움과 섹시함을 지닌 애니멀계의 향이 잘 어울리는 연령층이다.

3) 향수의 보관법

향수의 수명은 대개 3~5년 사이라고 말하지만, 그 보존 상태에 따라 짧아질 수도 있고 길어 질 수 도 있다. 향수는 13~15 ℃ 정도에서 보관하는 것이 좋은데, 온도가 너무 낮으면 원액이 결정되고 높으면 항의 원액이 산화되거나 분해되므로 온도는 일정한 곳이 적합하다.

CHAPTER 10

바디용 화장품

1. 바디 화장품

바디는 우리의 신체 중에서 가장 넓은 부분을 차지하고 있는 부위인데, 이곳에 사용하는 화장품을 바디 화장품이라 한다. 최근 건강에 대한 인식이 높아져서 구체적인 모습으로 건강미를 추구하는 경향이 있으며, 이러한 요구에 따라 새로운 효능을 지닌 고기능 제품들이 많이 개발되고 있는 추세이다.

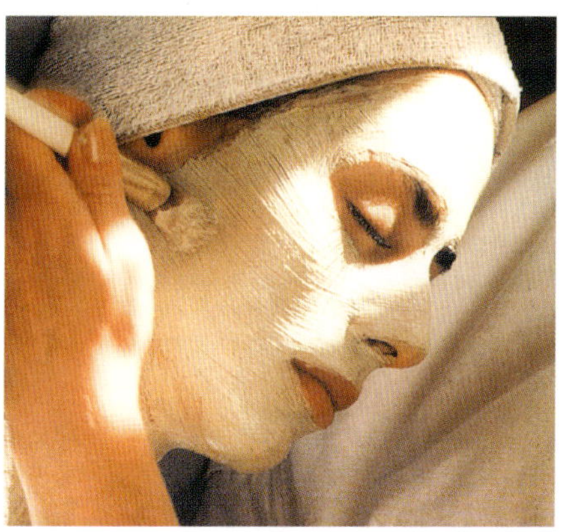

1-1. 바디 화장품의 종류

우리 몸의 피부는 부위에 따라 각각 다른 특징을 나타내고 있어 바디 화장품은 사용 부위와 목적에 따라 여러 가지 종류가 있다.

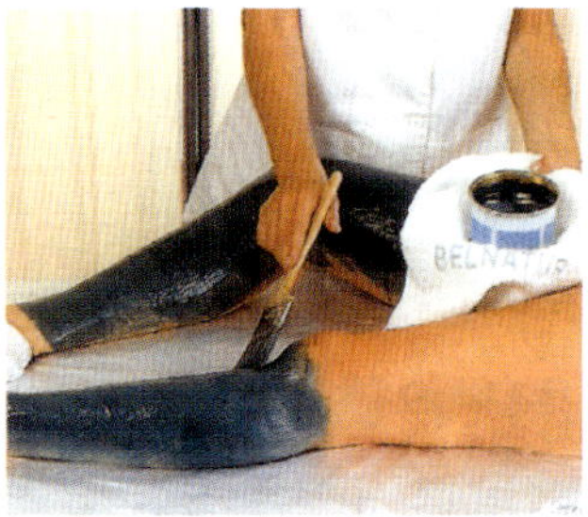

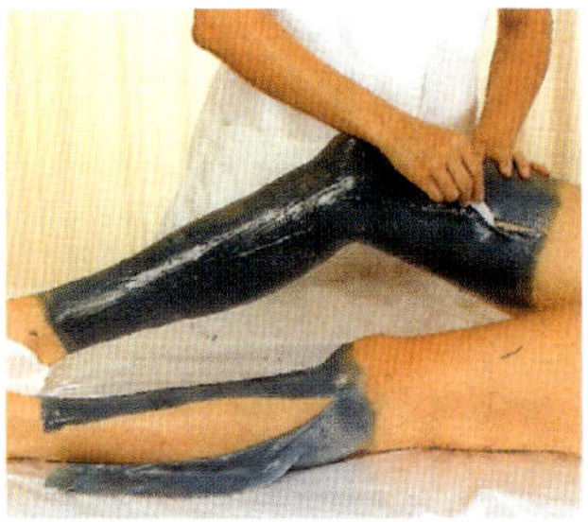

(1) 전신에 사용하는 바디화장품

- 세정 및 목욕제 : 비누, 바디 샴푸, 바디 오일, 바디 솔트
- 트리트먼트제 : 바디 로션, 바디 크림
- 방향제 : 파우더, 코오롱
- 선 케어 : 선 스크린제, 선 오일, 에프터선 로션
- 벌레 방지 : 모기 스크린, 곤충 리베라

(2) 손에 사용하는 화장품

- 트리트먼트 : 핸드 로션, 핸드 크림

(3) 발, 다리에 사용하는 화장품

- 탈색, 제모 : 탈색, 제모 크림, 탈모 테이프, 제모 무스
- 부종 방지 : 레그후레슈너 크림

(4) 팔꿈치 및 무릎 부위에 사용하는 화장품

• 유연 : 각질 연화 로션, 크림, 오일

(5) 땀샘 부위에 사용하는 화장품

• 방취, 제한 : 방취용 로션, 스프레이, 파우더, 데오드란트 스틱

1-2. 목욕용 화장품

목욕용 화장품은 피부의 청결 효과와 몸의 보온 효과, 혈행 촉진 효과, 피로 회복 및 미용 효과 등의 생리적 효과, 심리적인 효과를 위하여 사용하는 화장품으로 오늘날 목욕 문화의 발달과 건강에 대한 인식의 증가로 인하여 다양한 기능을 지닌 제품들이 개발되고 있는 추세이다.

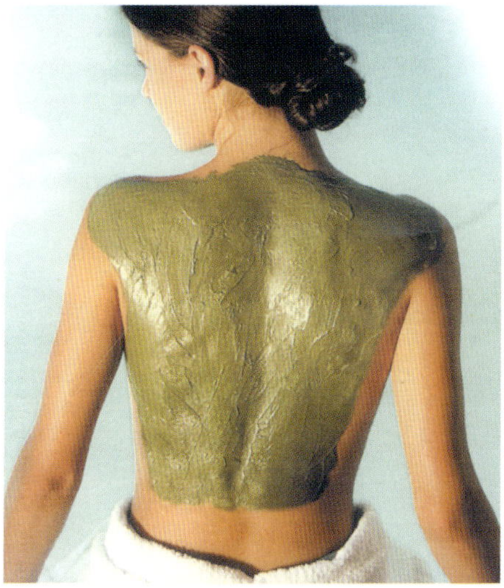

(1) 무기 염류 목욕제

무기 염류 목욕제는 온천수에 함유된 무기 염류에 착색과 향료를 첨가한 것으로 물에 용해하여 이용하는 특징을 지니고 있다. 제품을 형태에 따라 분말, 과립, 정제가 있으며, 효능 · 효과를 위하여 배합되는 성분으로는 신체에 혈행 촉진 효과를 나타내는 염화칼륨, 염화나트륨, 황산마그네슘, 그리고 피부를 청결하게 하는 탄산수소나트륨, 세스퀴탄산나트륨, 탄산나트륨, 탄산칼륨이 있다. 이외에도 안전성을 목적으로 황산나트륨 전분 같은 흡습제가 첨가된다.

(2) 약용식물 목욕제

약용식물 목욕제는 인체에 보습, 혈액 순환 촉진, 소염, 진정, 진통, 살균, 청정 등의 효과가 있는 약용식물이나 성분을 이용하여 만든 목욕제이다. 약용 목욕제에 사용되고 있는 약용식물로는 인삼, 쑥, 당귀, 미역, 귤, 율무, 알로에, 창포, 오렌지 등이 있다.

(3) 비누

비누는 강알카리염으로 구성되어 있으므로 알칼리성(약 pH10 정도)이며, 계면 활성제와 유지로 배합되어 있다. 비누의 종류는 화장비누, 투명 비누, 저자극성 비누, 약용 비누가 있다.

(4) 바블바스

목욕할 때 사용하는 제품으로 욕조에 풀어서 사용한다. 물에 녹으면서 거품이 생기며 피부에 자극을 주지 않고 각질을 부드럽게 떨어뜨려 주고 노폐물을 제거하는 효과가 있다.

제품의 형태로는 분말상, 과립상, 고형상, 젤상, 액상 등이 있으며, 주로 음이

온 계면 활성제와 비이온 계면 활성제 및 양성 계면 활성제 등을 이용하여 만들고 있다.

(5) 바스 오일

바스 오일은 목욕 후 피부에 유분을 주어 수분 증발을 방지하여 보습 효과를 향상시키고, 피부를 유연하고 매끄럽게 유지하기 위한 미용을 목적으로 사용되는 화장품이다. 바스 오일은 액상의 동물성 및 식물성 유지, 탄산수소, 고급 알코올, 에스테르류 등의 유분이 주성분으로 배합되며, 특히 향에 의한 심리적인 효과를 극대화시키기 위하여 향료를 배합한 경우로 바스 코롱, 바스 퍼퓸도 있다.

(6) 바디 샴푸

피부 표면의 이물질을 씻어내어 청결을 유지하기 위한 목적으로 사용한다. 바디 샴푸는 기포성, 세정성, 안정성이 높아야 하며 저자극성이어야 한다.

(7) 바디 제품

바디 제품은 피부에 탄력을 공급하는 퍼밍 제품, 지방을 제거하는 슬리밍 제품, 전신 근육의 긴장을 풀어주는 릴렉싱 제품 및 마사지를 할 수 있는 제품 등이 있다.

2. 선케어 화장품

형태에 따라 제품을 구분하면 유화계 로션 타입, 오일 타입, 젤 타입, 에어로졸 타입, 스틱 타입이 있으며, 기능에 따라 선탠 화장품, 선스크린 화장품, 애프터 선케어 화장품으로 구분된다.

(1) 선탠 화장품

선탠 화장품은 햇빛에 의하여 피부를 균일하게 아름다운 색을 지니게 하여 건강하고 강하게 하기 위한 화중품이다. 제품의 형태로는 오일 타입, 유화 타입, 젤 타입, 로션 타입이 있으나 오일 타입이 가장 일반적이다.

(2) 선스크린 화장품

선스크린 화장품은 태양광선 내의 자외선 UVA, UVB를 방어하여 피부가 그을리거나 타는 것을 방지하기 위한 목적으로 사용하는 화장품이다. 그러므로 선스크린 화장품은 충분한 자외선 효과가 있어야 하며 내수성, 안전성, 사용 감촉에 위화감이 없으며 의복에 착색되지 않아야 한다.

(3) 에프터 선케어 화장품

에프터 선케어 화장품은 자외선에 노출된 후 피부를 손질하기 위한 화장품이다.

제품으로는 산화아연 등이 배합되어 있는 칼라민 로션이나 소염제, 비타민류 등과 같은 성분 등이 있다.

3. 핸드케어 화장품

손의 세정과 트리트먼트를 위해 사용하는 화장품으로 비누, 핸드 로션, 핸드 크림, 네일 케어 제품 등이 여기에 포함된다.

손의 건조와 틈을 예방하는 타입은 주로 로션이나 W/O 타입의 에멀젼으로 이들은 내수성을 지니기 위하여 실리콘 오일 및 고분자들 배합하고 있으며, 트리트먼트 타입에서는 손이 거칠어지고 트는 것을 개선하기 위하여 보습제 바셀린, 소염제, 생리 활성 물질 등이 배합되어 있다.

4. 발 관련 화장품

하루종일 서 있거나 앉아 있을 때 피로는 발에서부터 온다.

따라서 발의 피로를 풀기 위해서는 발을 자주 움직여 주어야 하며 깨끗하게 잘 관리해야 한다.

발관련 제품은 살균 비누, 발 로션, 안티셉틱, 발 파우다, 패디 파일, 패디 스톤, 스크럽 등이 있다.

5. 방취용 화장품

방취용 화장품은 신체에서 나는 불결한 냄새, 즉 땀냄새, 몸냄새, 발냄새를 방지하는 것을 목적으로 사용하는 외용제이다.

사용되는 제형으로는 액제, 연고제, 에어로졸제, 산제, 고형 분말제, 스틱상의 제형이 있으나 분말이 함유된 에어로졸제나 액제가 일반적이다.

(1) 방취용 화장품 기능

① 땀을 억제하는 제한 기능

② 피부 상제균의 증식 억제 기능

③ 냄새 제거 기능

④ 향기에 의한 후각의 착각 기능

CHAPTER 11

구강용 화장품

[구강용 화장품]

치아는 에나멜질과 상아질, 시멘트질 및 치수 등 네 부분으로 이루어져 있으며 매우 단단하다.

치아의 보이는 부분을 치관이라 하고, 보이지 않고 잇몸(치육)에 덮여있는 부분은 치근이라 한다.

상아질은 에나멜질로 덮여있고 치근은 시멘트질(백악질)로 덮여있는데, 에나멜질은 신체 중에서 가장 단단한 조직이지만 충치는 에나멜질과 상아질, 치수까지 손상을 주고 치통을 유발하기도 한다.

구강용 화장품은 구강용 외용제인 치약류, 구강 세정제와 구강 청정제 및 치아 건강에 사용되는 보조제로 구분되며 치아 및 주변을 청결히 하고, 입속을 깨끗하고 상쾌하게 해주며, 충치나 치주질환의 예방을 위해 사용된다.

1. 치약류

1-1. 분류

치약류는 칫솔과 함께 사용하는 치약제(dentifrice)와 칫솔을 사용하지 않는 구강 세정액(mouth wash) 등으로 나눌 수 있다.

1) 치약제의 형태에 따른 분류

① 분말 치약-연마제 95% 이상 함유
② 반연고상 치약-연마제 70% 전후 함유
③ 연고상 치약-연마제 60% 이상 함유
④ 액상 치약-액상제형
⑤ 액체 치약-연마제 미함유

2) 기능

치약제는 약효 성분이 없는 화장품과 불소 화합물 등이 배합된 의약부외품으로 구분되어 있으며 그 효능을 살펴보면 다음과 같다.

(1) 치약제의 효능
① 구취 방지 및 입속 청정 작용
② 치아 미백 작용
③ 타르 제거, 치석 침착 방지 및 치태 제거
④ 항균 작용
⑤ 충치 예방 및 진행의 방지
⑥ 치은 · 치조염의 예방 등

3) 성분

① 연마제(abrasives) - 음식물의 잔여물과 치아 표면의 부착물 제거, 치아 광택, 세균 제거 작용을 가진다.

→ 침강탄산칼슘($CaCO_3$), 키토산(chitosan), 황산칼슘($CaSO_4$), 인산칼슘($CaHPO_4$),무수규산(SIO). 수산화알루미늄($Al(OH_3)$), 염화마그네슘(MgCl), 기타 연마제 등

② 습윤제(humectants) - 크림 상태로 유지하며 고형화를 방지하고 치약의 윤기와 가소성을 제공한다.

→ 글리세린(glycerin), 솔비톨(sorbitol), 프로필렌글리콜(propyleneglycol), 폴리에틸렌글리콜(polyethyleneglycol) 등 다가 알코올

③ 발포제(Forming agents) - 입속에서 치약의 확산 및 프라그 제거 등 세정 작용을 돕는다.

→ 라우릴황산나트륨($C_{12}H_{25}NaO_4S$), 라우로일사코신산나트륨($C_{15}H_{28}NNaO_3$), 야자유지방산모노글리세린술포산나트륨, 서당지방산에스테르 등

④ 결합제(binders) - 치약의 액상 유지 및 분체와 액체 성분 간의 결합을 도운다.

→ 카르복실메틸셀룰로오스나트륨(OCH_2COONa), 메틸셀룰로오스(OCH_3), 히드록시에틸셀룰로오스(CH_2CH_2OH), 알긴산나트륨, 카라기난, 크산탄검, 벤트나이트, 라포나이트 등

⑤ 향미제(flavoring agents) - 청량감과 사용감 증진 효과를 주기 위해 치약의 1~2% 정도

→ 향료: 페파민트유, 스피아민트유, 멘톨 등

→ 감미제: 사카린나트륨, 글리세린, 솔비톨, 키토올리고당 등

⑥ 약효(antibiotics)성분- 충치 예방, 치주질환 예방, 입 안의 냄새 및 오염원 제거 작용을 한다.

→ 불소 화합물, 알란토인, 글리치리친, 아미노카프론산, 프로폴리스, 자일리톨, 클로르헥시딘 등 살균제와 소염제

2. 구강 세정제(mouth wash)

2-1. 기능

구강 세정제는 물 치약 또는 마우스 워시라고도 하며, 액체 치약은 칫솔을 사용하지만 구강 세정제는 칫솔을 사용하지 않고 입 안을 헹군 후 뱉어낸다.

구강 세척에 사용되는 양치액은 상용 양치액과 약용 양치액으로 나눌 수 있다. 상용 양치액은 구강 내의 위생을 청결히 하기 위하여 수시로 사용하는 것을 말하며, 의약부외품에 속한다. 약용 양치액은 구강 내의 세균을 죽이거나 번식을 억제하는 약제 성분이 함유되어 있어 구강 내에 감염이나 상처가 있거나 잇몸 수술 후 또는 구강 위생 상태가 매우 불결하여 입 냄새가 심할 때 수일 또는 수주일 간 일시적으로 사용하며, 의약품에 속한다.

식후나 간식 후에 이를 닦을 수 없을 때, 구강 내가 불결하거나 상처나 염증이 있어 입 냄새가 날 때, 인공치아 보철물이나 치열 교정 장치와 같은 복잡한 장치물을 입 안에 넣고 다녀야 할 경우에는 구강 내에 있는 각종 세균들이 번식하게 되는데, 이러한 세균을 줄여주고 활동성을 약화시키는데 사용하는 것이 구강 양치 용액이다. 입안이 텁텁하고 치아 사이가 깨끗하지 못할 때, 잇몸에 염증이 잘 생기는 경우에는 수시로 양치 용액을 사용하는 것이 좋다.

1개월 이상 계속 사용하면 구강 상주균의 평형 상태가 깨어져 오히려 면역이 떨어지거나 세균들의 내성을 키워놓을 수가 있으므로

주의한다. 그러나 입 냄새가 나거나 잇몸에 염증이 있으면 구강 내 세균들이 정상보다 많이 불어난 상태이므로, 수일 또는 수주일 간은 정기적인 양치질 외에도 수시로 양치 용액을 사용하거나 구취 제거용 스프레이를 사용하여 세균의 양을 조절하고 냄새를 제거하도록 한다.

2-2. 성분

① 물 : 정제수
② 용제 : 에탄올 등
③ 습윤제 : 글리세린 등
④ 가용화제 : 폴리옥시에틸렌 경화피마자유, 폴리옥시에틸렌, 폴리옥시프로필렌글리콜, 라우릴황산나트륨 등
⑤ 향미제 : 사카린나트륨, 멘톨, 페파민트, 레몬민트 오일 등
⑥ 보존제 : 파라옥시안식향산에틸, 안식향산나트륨 등
⑦ 착색제 : 법정색소, 캐러멜 등
⑧ pH조정제 : 인산염, 구연산염 등
⑨ 약효 성분 : 염화세틸피리디늄, 글루콘산클로르헥시딘, 염화벤젠토늄 살균 소독제와 폴리만 성분 등

3. 구강 청량제(mouth freshener)

구강 청량제는 입안이 텁텁할 때, 식사후 입냄새 제거 등 구강의 상쾌감을 유지할 목적으로 사용하며, 형상으로는 필름상, 환제상, 판상, 트로치상, 액상, 스프레이상 등이 있으며, 액상은 스퀴즈식 혹은 펌프식 용기로 분무하여 사용하기도 한다. 구강 청량제의 성분으로는 여러 종류의 생약류, 박하유, L-멘톨, 클로로피린유도체 등이 있으며 체리, 오렌지, 레몬민트, 딸기향과 천연 폴리만 성분을 첨가하기도 한다.

※ 그 외 구강에 사용되는 보조제

구강용 화장품은 아니지만 일반적으로 사용되고 있는 구강 용품에는 치실, 치간치솔 등이 있으며 충치 예방용 껌도 구강 보조제에 속한다.

- 치실(dental floss silk) : 치실은 질긴 명주실이나 나일론실 풀어진 한 가닥으로 만들어 일명 푼사라고도 한다. 식사 후나 음식을 먹은 후 치아 사이의 작은 음식물 찌꺼기들을 일반적으로 이쑤시개를 사용하여 제거하게 되는데 이쑤시개는 점차 치아 사이를 벌려놓게 되고 또한 잘못 사용하면 잇몸을 찌르거나 잇몸사이에 이쑤시개의 작은 조각을 남겨놓아 오히려 잇몸에 해가 될 수도 있으므로 치실을 사용한다.

- 치간치솔(interdental prush) : 치간치솔은 작은 모양의 시험관 닦는 솔처럼 생긴 것으로 치아와 치아 사이를 수시로 닦을 수 있게 만들어져 있다. 정규적인 잇솔질 외에도 수시로 치간치솔을 휴대하여 다니다가 치면 세균막이 치아 사이에 붙어있을 경우에는 치아 사이에 치간치솔을 대고 밖에서 안쪽으로 밀어 넣었다가 빼는 동작으로 치간 사이를 깨끗이 해줄 수 있다. 특히 치간치솔은 치열 교정치료를 받기 위해 복잡한 교정 장치를 치아에 붙이고 있는 환자에 있어서는 반드시 매일 사용해야 할 필수품이다. 수시로 거울을 보면서 치아와 장치물 사이를 자주 닦아야만 교정 장치를 떼낸 후에 보이는 치아 표면에 충치의 전단계인 부분적인 탈회 현상을 막을 수 있다.

- 충치 예방용 껌 사용 : 음식을 먹은 후 껌을 씹는 것은 어느 정도 충치 예방에 도움이 된다. 그러나 시판되는 대다수의 껌에는 충치를 유발시키는 설탕 성분이 포함되어 있어 오히려 충치 발생을 촉진시킬 우려가 있다. 실험에 의하면 최소한 20여 분 이상 껌을 씹었을 때 설탕 성분이 모두 빠져나가고 그때부터 충치 예방에 도움을 준다고 한다. 근래에는 아예 설탕을 전혀 사용하지 않는 껌도 개발되었고, 설탕 대신 대체 감밀인 자일리톨이나 솔비톨을 사용한 껌도 시판중이다. 이러한 껌을 식후에 사용하면 분명히 충치 예방에 도움이 된다. 스위스에 본부를 둔 국제치아건강 식품위원회(Toothfriendly Sweets International)에서는 사탕, 껌, 초콜릿 등에 설탕을 넣지 않고 대체 감미료를 사용하여 충치를 일으키지 않는 간식품에 대해서는 치아가 우산을 쓴 모양의 튼튼이 마크를 상품의 겉포장에 부착하여 사용을 권장하고 있다.

CHAPTER 12

화장품과 알레르기

1. 화장품의 부작용

화장품을 사용하는 목적은 아름다움을 가꾸고 용모를 매력적으로 돋보이기 위해서이다. 또한 피부에 화장품을 도포함으로써 유해 환경으로부터 피부를 보호하여 표피의 건조함을 막아 노화의 진행 속도도 느리게 할 수 있다.

그러나 화장품도 제품에 첨가하는 성분이나 사용자의 개인적 체질, 사용 중의 오염 등에 의해 여러 문제점이 유발되기도 한다.

얼굴 피부에 날마다 사용하는 화장품들이 의외로 잘못 사용되었을 때 피부와 트러블을 일으키는 경우가 많다. 접촉성 피부염(contact dermatitis)과 같은 트러블이 있는 경우에는 화장품에 대한 점검을 주의 깊게 해야 한다.

화장품을 바르기만 하면 좁쌀 모양의 발진이 생기고 가려움증이 생기면서 과민 상태가 계속되는 것은 화장품에 대한 알레르기 반응이다. 이러한 알레르기는 특별한 화장품의 선택이 필요하나 실제로 일상에서 특수 화장품을 선택하기 어려워 화장품 과민 상태가 계속될 수밖에 없다. 증상이 있을 때 치료하면 해결이 되지만 또 화장품을 바르게 되면 다시 재발하게 된다. 따라서 화장품 성분 중의 원인 물질을 밝혀내어 이들 성분을 제거시킨 화장품을 사용하는 것이 근본 대책이다.

1-1. 부작용을 일으키는 화장품의 성분

화장품으로 인한 접촉 피부염에는 여러 가지가 있다. 예를 들면 화장품 속에 포함되어 있는 약물이나 향료가 원인이 되거나 화장품의 재료인 유지 속의 불순물이 원인이 되기도 한다.

그 외에도 방부제, 모발 염료, 자극 성분 등이 있는데, 예를 들면 다음과 같다.

① 방부제

파라벤(파라옥신안식향산에스테르), 이미다졸리디닐우레아(Imidazolidinyl urea), 디아졸리디닐우레아(Diazolidinyl urea) 등

② 모발 염료

P-페닐렌디아민(흑색), P-아미노페놀(황갈색), P-톨루엔디아민(흑갈색), 모노니트로-P-페닐렌디아민(적색), 하이드록시시트로네랄 등을 포함한 향료 등

③ 그 외의 자극 성분

알루미늄염, 바륨염, β-나프톨, 붕산, 크레졸, 불포화 지방산, 포름알데히드, 디오클리콜산염, 아연화합물, 황산라우릴알콜, 염화수은, 페놀포름알데히드수지, 프탈산염, 페닐렌디아민유도체,프로필렌

글리콜, 살리실산, 황, 암모니아수은, 트리에타놀아민, 폴리에틸렌 글리콜, 옥시벤젠, 에데트염산, 라우릴황산염류 등

1) 부작용 예방법

(1) 패치 테스트

접촉성 피부염을 확인하는 방법으로는 패치 테스트(patch test : 첩포 시험)가 있다. 시험하고자 하는 제품을 팔 안쪽 등 사용 부위에 첩포하여 24시간 후의 반응을 파악한다. 반응이 음성이면 48시간 후, 혹은 1주일 후에 다시 한번 테스트하도록 하고 양성이면 피부에 맞지 않으므로 사용하지 않는다.

(2) 화장품 선택 시 주의 사항

다음과 같은 경우에는 화장품 선택에 주의해야 한다.

① 향에 예민하며 피부 트러블이 잦다.

② 햇볕에 노출되면 쉽게 달아오르고 피부가 자주 가렵다.

③ 피부가 건조하고 과각화 현상이 일어난다.

④ 내장질환이 있다.

⑤ 어려서부터 아토피 체질이거나 후천적인 알레르기 체질인 경우

⑥ 화장품을 바꾸면 트러블이 일어나는 경우

⑦ 스트레스를 자주 받는 편이다.

⑧ 여성의 생리 및 그 전후나 갱년기의 여성

⑨ 산전, 산후나 병후의 기간

⑩ 약물 연용 중인 경우

⑪ 피부염이 발생하기 쉬운 봄, 여름철과 환절기

⑫ 화장품을 처음 사용하는 경우

접촉성 피부염의 발생 과정을 보면 사용하는 즉시 생기기도 하고 사용하고 난후 2~3일에서 1주 정도에 생기거나 사용하고 난후 2~3

개월에서 5~6개월경에 생기기도 한다.

접촉성 피부염의 진행 상태를 보면 가벼운 경우에는 각질이 비후하여 일어나고 거친 상태가 된다. 심한 경우에는 모세혈관의 확장으로 인한 가려움을 동반한 충혈과 홍반, 궤양, 부종, 수포 등이 발생한다. 화장품 알레르기의 원인을 살펴보면 알레르기성 체질이나 화장품 속에 포함된 자극성 물질 등에 의한 경우가 대부분이다.

(3) 화장품 사용 시 주의 사항

① 천연 성분의 화장품이라 해도 자극성이 없다고 할 수 없으므로 주의한다.

② 자신의 피부를 잘 파악하여 연령이나 환경, 개인에 따라 알맞은 화장품을 선택하도록 하고 계절에 따라 다시 체크하도록 한다.

③ 화장품의 유통 기한을 숙지하고 사용하는 과정에서 오염 및 변패를 초래할 수 있으므로 손으로 떠내지 않도록 한다.

④ 약용 크림이나 연고의 남용을 하지 않도록 한다.

⑤ 사용하던 제품은 신선도가 점점 떨어지므로 모두 사용한 후 다른 제품을 사용하도록 하고, 사용하다 방치한 후 해가 바뀐 화장품을 재사용하지 않도록 한다.

⑥ 화장품에 의한 피부염이 발생한 경우에는 사용 중인 화장품을 중지하고 증상이 있는 부위에 손을 대지 않는다. 세안을 할 때에도 비누 등은 피하고 물로 씻고 자극을 주지 않도록 한다.

2) 화장품에 의한 피부 자극

화장품에 따른 피부염의 증상을 분류해 보면 다음과 같다.

1 크림과 로션

화장품에 의한 피부염 중 가장 많은 비율을 차지하며 크림이나 로션을 만드는 재료에 의한 것과 향료나 약품에 의한 것도 있다.

2 페이스 파우더

향료 등이 원인이며 피부를 거칠게 하거나 비듬의 원인이 된다.

3 볼연지(볼터치) 및 립스틱

직접, 혹은 광선의 작용에 의한 색소 침착을 일으키는 경우도 있다.

4 아이섀도

눈 주위에 사용하므로 붓거나 붉은 색의 색소 침착과 발적이 생길 수 있다.

5 매니큐어 및 리무버

손톱이 건조해지거나 잦은 피막 형성으로 손톱이 약해진다.

6 파운데이션

피부의 모공 속에 남아있는 잔여물은 피부를 자극하고 뾰루지의 원인이 될 수 있다.

7 아이브로우 및 아이라이너

피부를 건조하게 하고 눈썹이 빠지거나 윤기가 제거되기도 한다.

1-2. 부작용을 야기하는 요인

1) 여드름 유발 성분

화장품은 수분(물) 성분과 지방(Fat) 성분들이 결합된 유화(emulisifying) 상태이므로 특히 지방 성분들 중에 모공의 입구를 막고 자극을 줄 수 있는 물질들이 많이 있을 수 있다.

모공을 막을 수 있는 지성 성분들을 comedogenic(여드름 유발) 성분이라고 하는데, 대표적인 여드름 유발 성분들은 다음과 같다.

(1) 동물성 오일

라놀린 오일, 밍크 오일, 향유고래 오일(Spermacity), 우지(Cow Fat) 등의 동물성 오일들은 피부에의 흡수 작용이 빠르고 왁스 형태로 모공을 막고 있을 가능성이 높다. 건성 피부에는 매우 좋지만 지성 피부, 특히 여드름 피부에는 유분의 증가로 여드름 유발이나 악화의 원인이 될 수 있다.

(2) 이소프로필 미리스테이트류 (Isopropyl Myristate)

대표적인 유화제 성분으로 이소프로필(isopropyl)기가 피부에의 흡수 작용이 빠르고 깊어 모공을 자극시킬 수 있다.

(3) D&C 색소

천연 색소들과는 달리 D&C 색소들은 석탄산에서 추출한 성분들이다. 피부에 자극을 유발하므로 성분 및 함량에 제한이 있다.

(4) 미네랄 오일

액체 파라핀으로 석유에서 추출되어 많은 불순물들을 함유하고 있다. 정제가 잘된 미네랄 오일들은 유아나 예민한 피부에도 사용할 수 있는데, 대부분은 정제가 안 된 미네랄 오일들이 화장품에 함유된 경우가 많다.

2) 물리적인 접촉

트러블이 나기 쉬운 피부는 물리적인 접촉에도 주의를 기울여야 한다. 남자들의 경우에는 잦은 면도에 피부가 자극받아 그 부위에 여드름이 발생하거나 악화되는 경우가 있으며, 직업에 따라, 전화 교환수라든지 전화를 자주 받는 직종의 여성들이 전화기 접촉이 많이 되는 피부 부위에만 여드름이 발생하는 경우도 있다.

그리고 White Heads가 생길 때 손으로 자주 만지고 뜯는 경우가 흔히 있는데, 이 경우는 대부분 여드름이 더욱 악화된다.

3) 열과 습도

열과 습도가 함께 높아 있으면 염증성 여드름은 더욱 악화될 수 있다. 열로 인해 혈액의 흐름이 많아지고, 이에 따라 염증 현상이 더욱 자극을 받을 수 있다. 염증성 여드름에 스티머(Vaporizer)를 많이 쏘여주면 오히려 염증이 악화되고 붉음증이 오래 지속될 수 있으므로 이를 감안하여 관리 프로그램을 설정해야 한다.

4) 여러 가지 오일

우리 주변에는 셀 수 없이 많은 오일 종류들이 있다. 여드름 피부와 오일 성분은 서로 상극이라 할 수 있다. 그중 Essential Oils(정유)의 항염 및 유익한 효능 외의 미네랄 오일, 베이비 오일, 합성 오일, 화학물질 및 알코올성 오일, 소의 우지 및 각종 동물성 오일들은 대표적인 comedogenic(여드름 유발) 성분이므로, 이들이 함유되어 있는 세안제 및 여러 마사지 오일에 대해 잘 살펴보고 사용해야 한다.

5) Diet 음식

향신료나 기호식품, 설탕 함유의 식품이 여드름을 쉽게 유발할 수 있으며, 인체에 혈당 함유량이 높아지면 인슐린의 생산이 방해를 받을 수 있기 때문에 인체 내의 호르몬 밸런스가 깨질 수 있고, 이로 인해 여드름이나 예민피부가 될 가능성도 높아질 수 있다.

또 무리한 다이어트로 인한 내장기관의 기능 저하로 음식의 소화 흡수에 문제가 일어나면 피부가 예민해져 알레르기 등 문제가 일어날 수 있다.

피부염의 예방 측면에서 사용할 수 있는 화장품으로써는 저자극성 화장품이나 민감성 피부용 화장품과 유아용 화장품 등이 있다. 성분으로는 아쥴렌, 비사보롤, 하마멜리스, 호스 체스넛, 루틴, 알로에, '카라민' 성분을 배합한 소염성 크림이나 화장수 등을 사용하여 진정, 모세혈관 강화 및 피부 보호로 회복시키도록 한다.

찾아보기

찾아보기

ㅅ

찾아보기

찾아보기

찾아보기

찾아보기

화장품학

2009년 2월 18일 1판 1쇄 인쇄
2009년 2월 23일 1판 1쇄 발행

지은이: 최경임·허순득·장정현·오정선·노희영·김소희

펴낸이: 박 정 태

펴낸곳: **광 문 각**

413-756
경기도 파주시 교하읍 문발리 파주출판정보단지
500-8번지 광문각빌딩 4층
등 록: 1991. 5. 31 제12-484호
전화(代): 031)955-8787
팩 스: 031)955-3730
E-mail: kwangmk@unitel.co.kr
홈페이지: www.kwangmoonkag.co.kr

ISBN: 978-89-7093-508-9 93590

정가: 25,000원